读家 | 探索家

少年中国科技·未来科学+丛书【第一辑】

给全世界植物起一个美好的中文名

植物篇

（演讲）
张元明/刘夙/
高源 等

格致论道／编

CTS K 湖南科学技术出版社
国家一级出版社 全国百佳图书出版单位

图书在版编目（CIP）数据

给全世界植物起一个美好的中文名 / 格致论道编. --
长沙：湖南科学技术出版社，2024.3
（少年中国科技·未来科学＋）
ISBN 978-7-5710-2721-6

Ⅰ. ①给… Ⅱ. ①格… Ⅲ. ①植物—青少年读物
Ⅳ. ①Q94-49

中国国家版本馆CIP数据核字 (2024) 第042873号

审图号：GS京（2024）0413号

GE QUANSHIJIE ZHIWU QI YIGE MEIHAO DE ZHONGWENMING
给全世界植物起一个美好的中文名

编　　者：格致论道
出 版 人：潘晓山
责任编辑：刘竟
出　　版：湖南科学技术出版社
社　　址：长沙市芙蓉中路一段416号泊富国际金融中心
网　　址：http://www.hnstp.com
发　　行：未读（天津）文化传媒有限公司
印　　刷：北京雅图新世纪印刷科技有限公司
厂　　址：北京市顺义区李遂镇崇国庄村后街151号
版　　次：2024年3月第1版
印　　次：2024年3月第1次印刷
开　　本：880mm×1230mm　1/32
印　　张：6.75
字　　数：120千字
书　　号：ISBN 978-7-5710-2721-6
定　　价：45.00元

关注未读好书

客服咨询

编委会

推荐序

　　近年来，我们国家在科技领域取得了巨大的进步，仅在航天领域，就实现了一系列令世界瞩目的成就，比如嫦娥工程、天问一号、北斗导航系统、中国空间站等。这些成就不仅让所有中国人引以为傲，也向世界传达了一个重要信息：我们国家的科技水平已经能够比肩世界最先进水平。这也激励着越来越多的年轻人投身科技领域，成为我国发展的中流砥柱。

　　我从事的是地球化学和天体化学研究，就是因为少年时代被广播中的"年轻的学子们，你们要去唤醒沉睡的高山，让它们献出无尽的宝藏"深深地打动，于是下定决心学习地质学，为国家寻找宝贵的矿藏，为国家实现工业化贡献自己的力量。1957年，我成为中国科学院的副博士研究生。在这一年，人类第一颗人造地球卫星"斯普特尼克1号"发射升空，标志着人类正式进入了航天时代。我当时在阅读国内外学术著作和科普图书的过程中逐渐了解到，太空将成为人类科技发展的未来趋势，这使我坚定了自己今后的科研方向和道路，于是我的研究方向从"地"转向了"天"。可以说，科普在我人生成长中扮演了非常重要的角色。

　　做科普是科学家的责任、义务和使命。要想做好科普，就要将人文注入大众觉得晦涩难懂的科学知识中，让科学知识与有趣的内容相结合。作为科学家，我们不仅要普及科学知识，还要普及科学方法、科学道德，弘扬科学精神、科学思想。中华民族是一个重视传承优良传统的民族，好的精神会代代相传。我们的下一代对科学的好奇心、想象力和探索力，以及他们的科学素养与国家未来的科技发展息息相关。

  "格致论道"推出的《少年中国科技·未来科学+》丛书是一套面向下一代的科普读物。这套书汇集了100余位国内优秀科学家的演讲，涵盖了航空航天、天文学、人工智能等诸多前沿领域。通过阅读这套书，青少年将深入了解中国在科技领域的杰出成就，感受科学的魅力和未来的无限可能。我相信，这套书将会为他们带来巨大的启迪和激励，帮助他们打开视野，体会科学研究的乐趣，感受榜样的力量，树立远大的志向，将来为我们国家的科技发展做出贡献。

欧阳自远

中国科学院院士

推荐序

　　近年来，听科普报告日益流行，成了公众社会生活的一部分，我国也出现了许多和科普相关的演讲类平台，其中就包括由中国科学院全力打造的"格致论道"新媒体平台。自2014年创办以来，"格致论道"通过许多一线科学家和思想先锋的演讲，分享新知识、新观点和新思想。在这些分享当中，既有硬核科学知识的传播，也有展现科学精神的事例介绍，还有人文情怀的传递。截至2024年3月，"格致论道"讲坛已举办了110期，网络视频播放量超过20亿，成为公众喜欢的一个科学文化品牌。

　　现在，"格致论道"将其中一批优秀的科普演讲结集成书，丛书涵盖了多个热门科学领域，用通俗易懂的语言和丰富的插图，向读者展示了科学的瑰丽多彩，让公众了解科学研究的最前沿，了解当代中国科学家的风采，了解科学研究背后的故事。

　　作为一名古生物学者，我有幸在"格致论道"上做过几次演讲，分享我的科研经历和科学发现。在分享的过程中，尤其是在和现场观众的交流中，我感受到了公众对科学的热烈关注，也感受到了年轻一代对未知世界的向往。其实，公众对科普的需求，对科普日益增加的热情，我不仅在"格致论道"这一个新媒体平台上，而且在一些其他的科普演讲场所里，都能强烈地感受到。

　　回想二十多年前，我第一次在国内社会平台上做科普演讲，到场听众只有区区几人，让组织者感到很尴尬。作为对比，我同时期也在日本做过对公众开放的科普演讲，能够容纳数百人甚至上千人的报告厅座无虚席。令人欣慰的是，随着我国经济社会的发展，公众对科学的兴趣越来越大，越来越多的家庭把听科普报告、参加各种科普活动作为家庭活动的一部分。这样的变化是许多因素共同发力促成的，其中一个重要因素就是有像"格致论道"这样的平台持续不断地向公众提供优质的科普产品。

再回想1988年我接到北京大学古生物专业录取通知书的时候，连这个专业的名字都没有听说过，甚至我的中学老师都不知道这个专业是研究什么的。但今天的孩子对各种恐龙的名字如数家珍，我也收到过一些"恐龙小朋友"的来信，说长大以后要研究恐龙。我甚至还遇到这样的例子：有孩子在小时候听过我的科普报告或者看过我参与拍摄的纪录片，长大后选择从事科学研究工作。这说明，我们日益友好的科普环境帮助了孩子的成长，也促进了我国科学事业的发展。

与此同时，社会的发展也给现在的孩子带来了更多的诱惑，年轻一代对科普产品的要求也更高了。如何把科学更好地推向公众，吸引更多人关注科学和了解科学，依然是一个很有挑战性的问题。希望由"格致论道"优秀演讲汇聚而成的这套丛书，能够在这方面发挥作用，让孩子在学到许多硬核科学知识的同时，还能够帮助他们了解科学方法，建立科学思维，学会用科学的眼光看待这个世界。

徐　星
中国科学院院士

目录

热带丛林里的生死高招

刘冰
中国科学院植物研究所副研究员

高低错落的乔木和灌木

　　作为一个北方人，我刚到南方时，看到丛林里的参天大树，就感觉所有的树长得都一样，都是全缘革质的叶子，很难区分。后来随着时间的推移和经验的积累，我才慢慢地摸索出一些经验。例如在上图中，我们可以看到高低错落的大乔木和小乔木，近处还有灌木、草本植物等，就会发现在丛林里面，植物原来是分层的，有高有低，各有特色。

　　通常一说热带丛林，大家想到的可能是亚马孙的热带雨林，或者东南亚的一些雨林。其实我国的热带丛林同样精彩，孕育了丰富的生物多样性，其中不仅活跃着大量珍禽异兽，还有很多独特且稀有的植物物种。

　　那么，我国的热带丛林分布在什么地方呢？主要涉及6个省（自治区）：西藏的南部和东南部，云南的西部和南部，广东、广西、台湾的南部，以及海南岛全境。森林类型也有很多种，主要包括热带雨林、热带季雨林和季风常绿阔叶林。由于我国每年会受到印度洋和太平洋暖湿气流的影响，所以热带地区的降雨量非常大，而且

热带丛林内部

频繁。尤其是在雨季，也就是6—10月，几乎天天下雨，由此就形成了一个植物多样性非常高的森林地区。

在外面看着那么密的林子，当你走到里面，准备一探其中奥秘时，就会发现林子里面非常暗，阳光被一层一层的高大树木所遮挡。然而，对植物来说，生存最重要的条件之一就是阳光。因此，在这样的丛林里，争夺阳光就成了植物生存的一项重要任务，而丛林也成了植物争夺阳光的"战场"。

为了争夺阳光，热带丛林里的植物身怀绝技，各有策略，比如以下将要介绍的这些。

第一招：长高

对乔木树种来说，它们争夺阳光的方式比较简单粗暴，就是长高，仿佛每棵树都在心里默念："我长得越高，接受的阳光就越多。""你没有我高，我要把你遮住。"其中有一个典型的家族，叫作龙脑香科，是亚洲热带森林、热带雨林的标志性类群，在我国有少量类群分布。

例如望天树，又被称为"擎天树"，是我国最高的阔叶树种，树皮呈灰色或棕褐色，叶革质，主要分布在我国的广西和云南。它的特点是高大，最高能长到70多米，大概有20层楼那么高。从

望天树（*Parashorea chinensis*）

未来科学 ✚ · 植物篇

对页图中我们也能看出，跟周围的那些乔木相比，它明显高出一大截。

然而，这么高的乔木是怎样传播种子和繁衍后代的呢？答案是，靠风传播。例如，东京龙脑香，是龙脑香科植物中的另一个类群，高可达45米，枝条光滑无毛，叶片革质。在我国，它主要分布在云南的东南部和西部，以及西藏的东南部。东京龙脑香的果实上面长着一对相互错开的小"翅膀"，当果子成熟后，它会呈螺旋状坠落。这时如果再来一阵横风，就能把果实吹到很远的地方，这样便帮助它传播了后代。狭叶坡垒传播种子的方式也与其类似。

除了最高层70多米的树外，丛林下一层还生长着40多米高的树种，如四数木，能长到40米甚至45米高。为了让根系更稳固，它们在茎的基部形成了一些板状结构（我们将其称为"板根"）来支撑自己。实际上，板根是热带气候下的一种特殊生态现象，热带

狭叶坡垒（*Hopea chinensis*）

四数木（*Tetrameles nudiflora*）

丛林里的很多树种都发育出了板根。例如在上页右图中，如果你站在树下抬头看，根本望不到树干的尽头，因为它太高了。只有恰好有阵大风把一些枝叶吹下来，我们才能获得其样本。

再往下一层，20多米的高度，乔木树种的数量更多，如樟科植物（高度在20~30米）。樟科植物是著名的芳香树种，如楠木、樟树，都来自这个家族。这个家族的果实很有特点，在树上时会不断地变换颜色，如变红、变紫等。但这是变给谁看的呢？其实是给一些动物看，比如鸟类。当鸟儿从远处看到这些鲜艳的果子时，觉得它们一定美味极了，于是就会过来觅食。这样一来，鸟儿就顺便帮樟科植物传播了种子。

果肉其实是植物跟动物之间形成的一个交易：植物把果肉提供给动物吃，而动物吃掉果肉，把种子排出来的时候，也是在帮助植物传播种子。另外，植物的种子还有个特点，它不会被动物的消化液消化，可能很多人都已经知道了这一点。这种情况在日常生活中也很常见，比如当你吃西瓜的时候，如果不吐籽，

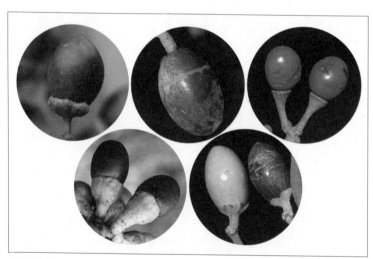

樟科植物的果实

你会发现自己拉出来的西瓜籽是完整的。樟科植物的种子也一样。它们的果实被鸟儿吃了以后，果肉被消化了，但种子还是完整的。

粉叶楠（*Phoebe glaucophylla*）的果实

　　这里还要强调一点：樟树植物的果实并不都是红色的，如上图所示，远看泛着一点红，事实上那是果梗的颜色。不过它们所起的作用是一样的，都是为了吸引鸟儿。另外，种子被鸟儿带到远方还有另一个好处，就是包裹在种子外面的鸟屎可以作为种子萌芽的肥料，为植物繁衍后代提供第二次帮助。

　　其中还有一个乔木家族是壳斗科。相信很多小朋友都看过动画片《冰河世纪》，里面有一只小松鼠费尽千辛万苦保护自己的粮食——橡实，而橡实在植物学上就是栎树的果实。栎树是壳斗科家族的成员之一。这个家族种类繁多，除了栎属，还有栗属、锥属、柯属和青冈属等树种。这些树的果实（就是我们常说的"坚果"）都是为动物准备的，让它们在吃的同时顺便传播种子。

　　这里还有一种被称为"猴面柯"的柯属植物，它的名字源于其

水青冈属（*Fagus*）　　栗属（*Castanea*）　　锥属（*Castanopsis*）

青冈属（*Cyclobalanopsis*）　　栎属（*Quercus*）　　柯属（*Lithocarpus*）

壳斗科植物的果实

果实的外壳斗上长着很多环纹，看上去很像猴子脸。遇到这种大树，我们怎样采集它的果实样本呢？这时候就要用到一个名叫高枝剪的工具。高枝剪大概2米长，伸开之后有4米长，可以轻松地够到猴面柯枝条上的果实。

带有擦痕的猴面柯（*Lithocarpus balansae*）果实

未来科学❖·植物篇

猴面柯的果实非常坚硬。我们曾经尝试用高枝剪去剪开它，但没有成功，比如对页下图中的这些擦痕，就是我们用高枝剪留下的。那么，有没有什么动物能把它弄开呢？有的，一些啮齿类动物，如豪猪。豪猪的牙齿非常锋利，能把猴面柯果壳咬开，取到里边的果肉。在冬天来临之前，豪猪会把这些坚果储存在自己的巢洞里作为储备粮。但是由于这些小动物记性不好，把很多储藏点都忘记了，被遗忘的果子后来直接在洞里生根发芽，长成新的植株。

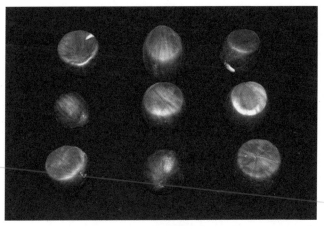

坛腺棋子豆（Archidendron chevalieri）

除了风、鸟类和哺乳动物的帮助，还有没有其他的传播方式呢？答案是有的，如靠水传播。例如棋子豆，它的豆荚裂开之后，可以看到里边大个儿的豆子，长得很像象棋的棋子，而且颜色还不一样。如果把这一堆豆子刻上字，再摆上楚河汉界，就能下象棋了。正因为如此，它们又被称为"棋子豆"。别看棋子豆个头不小，但事实上很轻，豆子落到水里就随着溪流漂走了。

第二招：攀爬

接下来，我们将目光转向藤本植物。它们是怎样争夺阳光的呢？答案是依靠攀爬。

藤本植物往树上爬有好几种方式，其中一种是用卷须，比如葡萄家族中的崖爬藤，先用卷须缠住周围的枝条，然后再慢慢地往上爬。爬上去之后，下面的藤会越长越粗。有的崖爬藤种类是老茎生花，在老藤上直接就开花结果了。

还有一些植物，如爬树龙，是靠茎上长出一些气生根，把其他植株的树干紧紧扒住，然后再慢慢地往上爬。右下图是爬树龙结的果，等它的果子成熟之后，同样是靠动物传播种子。

还有一种攀爬方式是用倒钩刺，如对页上图中的这种豆科植物，名叫"见血飞"，听名字就很霸气。它的叶子和叶柄上面有很多倒钩刺，能直接钩住其他植物，然后慢慢地往上爬。见血飞的老藤上也有很多刺，长得张牙舞爪的。靠近了看，你会发现每一个凸起上都有一个弯弯的刺，很吓人。如果你在丛林中穿行时不小心被它划伤，那可真要"见血飞"了。

崖爬藤（*Tetrastigma* sp.）

爬树龙（*Rhaphidophora decursiva*）

未来科学 ➕ · 植物篇

见血飞（*Mezoneuron cucullatum*）

第三招：上树

　　除了乔木和藤本植物，其他的小草本植物和小灌木又是怎样争夺阳光的呢？它们自有妙计：既然地面上没有阳光，那我不如就直接长（或住）在树干上。在热带地区，树木的树干都很湿润，长满

眼斑贝母兰（*Coelogyne corymbosa*）

了苔藓和真菌，又有由落下来的腐叶变成的腐殖质、尘土，等等。于是就形成一种类似土壤的环境。因此，很多植物直接选择在这里生根发芽，附生在树干上，我们称它们为"附生植物"。

上页下图中这种兰花叫眼斑贝母兰，整个植株从种子开始就在树干上生活。为了近距离地观察它的生长环境及特征，兰花专家们甚至需要爬到 4 米高的大树上。另外，这些树下也生长着小丛贝母兰。

还有其他的附生兰花，如蜂腰兰，由于它一般生长在树干较高的位置，所以我们这些研究它的人得通过叠罗汉才能一睹其芳容。为什么叫它蜂腰兰呢？这缘于它的花的基部有一个细细的缢缩，就像蜜蜂的腰一样。

蜂腰兰（*Bulleyia yunnanensis*）　　小花鸢尾兰（*Oberonia mannii*）　　小花鸢尾兰的花朵细节图

还有的附生兰长得像鸢尾，如上图中这种兰花，叶子扁平，且相互套叠，就像倒挂在树上的鸢尾一样，因此被称作"鸢尾兰"。这种兰花的植株很小，花也非常小巧，只有两三毫米大，看上去很像一个小人儿，有脑袋、胳膊和腿。它的拉丁属名"*Oberonia*"有

开花的麻栗坡树萝卜（*Agapetes malipoensis*）

小精灵的意思，就是形容它的花像一个小人儿。

除了草本植物能附生，灌木也可以，如树萝卜——杜鹃花科的成员之一。它有一个肉质的、膨大的茎，里边储藏着营养物质，生长在树杈上或者树洞里，叶子和花就长在它的上面。上图是它开的花，很漂亮，远看像萝卜，又因为长在树上，所以被称为"树萝卜"。但它跟萝卜一点关系也没有，更不能食用，因为有毒。

另外，还有一种植物的上树方法更为特殊，它就是榕树。在热带地区，很多榕树会结出一种里边有很多小种子的榕果，而鸟类吃食时又很喜欢将它们带到其他树的树干上。这样一来，榕树的种子就有了在树干上生根发芽的机会。

比如下页左图中这棵榕树，它就是种子落在树干上生根发芽的结果。接下来，它会往下伸展这些根，将其扎到最下边的土里。再下一步，它会通过伸展下来的根把阻挡其生长的植物全都慢慢缠住并杀死，这一现象在植物学上被称为"绞杀"。榕树的很多种类都有绞杀的能力。下页右图就是榕树绞杀完后的样子，是中空的状态——中间的那棵树已死，并且已经腐烂。由此可见，榕树也是通过上树的方式，让自己变成了一棵大树。

完成绞杀的榕树

第四招：躺平

　　除了前面那些各显本领的植物，还有一些植物选择了躺平，不争了，换一种方式生活——吸取别的植物的营养。它们就是寄生植物，如对页上图中的桑寄生和槲寄生，是直接寄生在其他树的树干上，图中那棵粗壮的大树就是它们的寄主。

一种桑寄生

　　桑寄生科植物的果子一般都很鲜艳，鸟类非常喜欢。当鸟类将果肉吃进去，然后把种子拉出来时，由于种子带有黏性，它可能会粘在鸟的屁股上。鸟一发现屁股上粘了个种子，就会往枝条上蹭，蹭啊蹭，种子最后留在了别的枝条上。之后种子会在这根枝条上发芽，把寄生根扎到里边，并长出自己正常的枝条。

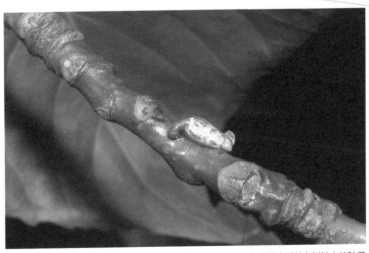
鸟儿拉出后粘在树枝上的种子

热带丛林里的生死高招

此外，还有其他一些桑寄生科种类，如柳叶寄生和双花鞘花，它们都是先长出正常枝条，再开花结果。

硬序重寄生（*Phacellaria rigidula*）

大家是不是觉得桑寄生科植物非常阴险。道高一尺，魔高一丈，还有比它更阴险的。桑寄生科植物还会被一种叫作重寄生的植物（寄生"寄生植物"的植物）再寄生一次。例如，上图中正常的叶子是一种桑寄生，而底部开花的穗就是重寄生。重寄生植物在没开花之前你是看不到的，因为它的整个植株都隐藏在寄主的枝条内部，只有开花时，仔细观察才能看到。

还有一种明星植物，叫大花草（又名大王花），相信很多人都听说过。大花草科植物在我国的西藏和云南南部也有分布，但只有"寄生花"这一个种类。前面我们讲藤本植物时提到了崖爬藤的藤，寄生花就专门寄生这种植物。对页上图中这张开花的寄生花的照片是在野外拍摄的，实物跟手掌差不多大，平时它都隐藏在藤子的里面。

寄生花（*Sapria himalayana*）

　　那么，这种植物是怎样传播自己的呢？据研究，寄生花的果实里面有很多种子，当地的小老鼠很喜欢吃。老鼠在吃这些种子时难免会出现塞牙的情况，于是为了把牙缝里的东西弄出来，它们就会找东西磨牙，如崖爬藤的藤。它们磨啊磨，直到把藤皮磨破。如此一来，牙缝里的种子就被留在了藤里。之后种子在藤里面生根发芽，长成寄生植物。

宽翅水玉簪（*Burmannia nepalensis*）

还有的植物是跟真菌长在一起的，我们把它们称为"腐生植物"。由于腐生植物的根部和真菌的菌根长在一起，所以确切来讲，它们应该叫菌根异养植物。腐生植物跟真菌共生，由真菌提供给它们营养，但是它们可不会给真菌什么回报，就这样把真菌给欺骗了。

例如上页下图中的宽翅水玉簪，就是典型的腐生植物，看上去晶莹剔透，通常只有几厘米高。新闻报道里常说发现了什么幽灵花，其实就是水晶兰、水玉簪这类植物。也有个头较大的腐生植物，如山珊瑚，能长一两米高，远看就像一棵挂满黄花的小树，近看才发现原来是一株腐生兰花。

在丛林中穿行的危险

关于植物的生存智慧就先分享到这里。其实在热带丛林里穿行是很危险的，要时刻保持警惕，避开一些动物，比如蜂巢，如果你看见它，一定要远离。还有红火蚁，爬树时要特别留意，它们会咬人，特别疼。

还有一些植物也比较危险，如火麻树。它是荨麻科的一种能蜇人的植物，为了保护自己的果实不被伤害，它的果序上长了很多刺。如果你碰它的刺毛，它就会把毒液注射到你的皮肤里，让你疼上好几天。

最讨厌的就是蚂蟥，这种生物在热带地区很常见。它们通常会粘在草尖或者树枝上，当你路过的时候，它们一闻到你的气味，就会快速移动到你身上，爬来爬去寻找适合吸血的地方。

尽管丛林里有很多危险，但它同时也蕴含着众多奥秘。希望对大自然或者对生物学感兴趣的同学，长大后可以亲自去一探究竟。

火麻树（*Dendrocnide urentissima*）

思考一下：

1. 想一想，你身边的植物是如何争夺阳光的？

2. 为了获取更多阳光，桑寄生科植物是如何"上树"的？

3. 热带丛林里的植物是如何传播种子和繁衍后代的？

演讲时间：2022.7

扫一扫，看演讲视频

沙漠也有自己的"皮肤"

张元明
中国科学院新疆生态与地理研究所研究员

塔克拉玛干沙漠

什么是沙漠"皮肤"？

　　大家对"沙漠"这个概念并不陌生，对"皮肤"这个词也非常熟悉，如果将这两个词放在一起呢？"沙漠皮肤"，大家会觉得奇怪吗？沙漠也有皮肤吗？沙漠的皮肤长什么样呢？沙漠的皮肤能像人类的皮肤一样去保护沙漠吗？今天我们就一起走进这个神奇的微观世界。

　　上图展示的是大家非常熟悉的沙漠景观：浩瀚无垠，黄沙漫天。全世界有不少这样的沙漠，如新疆塔克拉玛干沙漠，它是世界第二大流动性沙漠，也是我国最大的沙漠，面积为33万平方千米，相当于好几个欧洲国家的面积之和。这个沙漠最重要的特点表现为沙丘表面是流动的，也就是它表面的沙砾是活动着的。

未来科学 ➕ 植物篇

古尔班通古特沙漠

再看看另一个沙漠。可能很多人看到上图中这个景象都会心存疑惑：这也是沙漠？沙漠不应该是黄沙漫漫吗？这个的确是沙漠，它就位于新疆北部的准噶尔盆地腹地，叫古尔班通古特沙漠。这个沙漠跟塔克拉玛干沙漠最大的不同之处在于，它的表面是固定或者半固定的。沙丘的顶部有一些流动带，但沙丘的坡部和底部基本上属于固定状态。而沙丘被固定的一个重要因素就是我们刚才提到的

博格达山（森林生态系统中的苔藓）

沙漠也有自己的"皮肤"

沙漠"皮肤"。

　　上页下图的两张照片是在距离乌鲁木齐100多千米的博格达山拍摄的，著名的天山天池就位于博格达峰下的半山腰。我之所以会去博格达山，主要是为了采集苔藓植物标本，以便搞清楚苔藓植物在该山区流域系统中是如何分布的，以及它们的生态关系是怎样的。那里的苔藓非常优雅，它们抬着高傲的孢蒴[1]，努力地争夺阳光，吸收水分，拼命生长，为繁衍后代积蓄力量。

在沙漠采集标本

　　由于我做的是全流域研究，所以我必须从山上下来进入荒漠，因为荒漠是山地河流最终消失的地方。就这样，我开始深入沙漠，俯下身子寻找苔藓植物。起初，我觉得在沙漠地区不大可能找得到苔藓植物，因为我们都知道，苔藓一般生活在比较湿润的地方。沙漠里面怎么可能有呢？很难想象它们能在沙漠中存活下来。但是，后来我发现沙漠里确实有苔藓植物。原来地表上那一片片黑乎乎

1　孢蒴（shuò）：指苔藓植物孢子体顶端产生孢子的膨大部分。

沙漠里的苔藓植物：左为干燥状态，右为湿润状态

的、不招人待见的东西就是。

从上图可以看出，这些苔藓植物很不起眼，覆盖在地表上，看起来又干又黑。当时我既不知道对沙漠来说它们有什么作用，也不知道它们究竟是如何存活下来的。按常理来讲，完成采样工作之后，我就可以回山地了，但在野外的一次偶然发现，让我将自己的研究重心彻底转向了沙漠。

一天，身边的矿泉水瓶不小心倒了，瓶子里的水流出来，浸湿了地表那层黑乎乎的东西，不过才几秒钟的时间，原本黑乎乎的地面就变绿了，令人惊讶不已。回到实验室后，我开始对其进行研究。我发现，处于休眠中的干燥植物体遇水后开始展叶，由黑变绿，只需几秒便恢复了活力。这个现象深深打动了我，所以最终我选择回到沙漠。

通过风洞试验，我们发现，哪怕面对10级以上的大风，覆盖了这种生物的地表依然岿然不动，非常稳定。但当一大群羊踩踏过后，地表就变了模样，裸露出地表之下的一片黄沙。此外，通过对比，我们还知道了对沙漠来说，这层物质相当于一个保护层，因此我们把它称为沙漠"皮肤"。现在大家理解这个概念了吧？

沙漠"皮肤"的结构

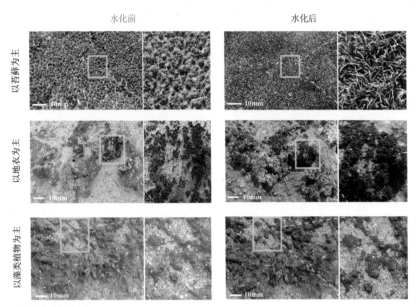

水化前　　　　　　　水化后

以苔藓为主

以地衣为主

以藻类植物为主

沙漠"皮肤"众生相

从学术角度来讲，沙漠"皮肤"应该被称为生物土壤结皮。但它到底长什么样子呢？就长上面这样，这是它的"众生相"：平的，皱的，黑的，黄的。

手持结皮特写：藻结皮、地衣结皮、苔藓结皮

我们来看看其中最简单的一种，它生长在沙漠表面，如果不挖开这个剖面，大家看到的就只是沙漠，很难注意到沙漠表面有这么一个薄层。这个薄层非常神奇。为了弄清楚它的结构，我们从野外采回了样本进行观察，结果发现薄层内大有乾坤。我们发现，沙砾好像被什么东西包裹着、牵引着，彼此连接成了一个整体。

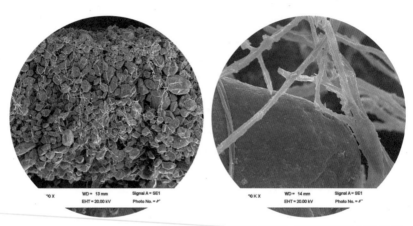

电子显微镜镜头下的沙漠"皮肤"（右图为左图放大 20 倍后）

之后，我们把这个薄层放在电子显微镜下观察。可以看到，薄层中间被很多绳索状物质捆绑着、缠绕着，并维持着某种结构（见左上图）。我们将其继续放大，在显微镜下，微小的沙砾已经变得像巨石一般。"巨石"表面被绳索状的物质缠绕着。这些物质缠绕完一块"巨石"，又去缠绕另一块，一块接着一块，最终将所有沙砾连接在一起，形成了上文我们看到的那层"皮肤"。

为什么叫它"皮肤"呢？因为它是有活性的，能像人类的皮肤一样呼吸、排泄、生长和维护荒漠生态系统的稳定。通过光学显微镜，我们观察到这些"绳索状物质"是绿色的，这表明它们是植物体，也就意味着它们能够进行光合作用，能够自力更生，养活自己。

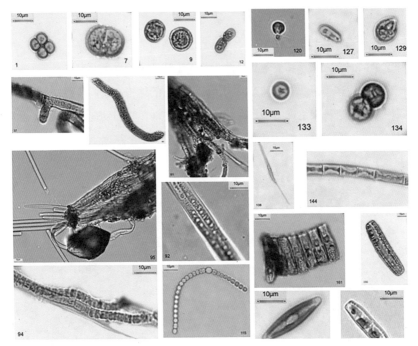

光学显微镜镜头下的沙漠"皮肤"

事实上，上图中还只是一个很小的、处于初级发育阶段的薄片。即便是这样，它也具有如此神奇的功能，一旦它变厚了，其保护功能和生态功能也将变得更加丰富。

回到我们的主题——"皮肤"。对页左图是人类的皮肤，它有很多的结构，如输导组织、神经组织等。对页右图是上文提及的那个小薄层中所包含的生物体，它具有类似人类皮肤所能行使的功能。和人类皮肤一样，它也有两大特征：第一，起保护作用；第二，具有生物活性。

随着研究的进一步深入，我们发现沙漠"皮肤"里面的物种非常丰富，既有单细胞生物，也有多细胞生物，还有丝状生物和团状生物，它们聚集在一起组成了一个"大家庭"，共同保护着我们的沙漠。不过，这些都是沙漠"皮肤"中生活的相对简单的生物。除

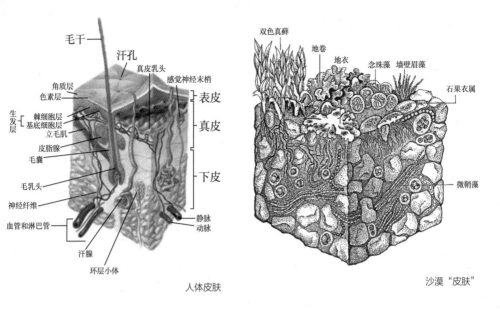

毛干
汗孔
真皮乳头
感觉神经末梢
角质层
色素层
棘细胞层
基底细胞层
生发层
立毛肌
皮脂腺
毛囊
毛乳头
神经纤维
血管和淋巴管
汗腺
环层小体
表皮
真皮
下皮
静脉
动脉

人体皮肤

双色真藓
地卷
地衣
念珠藻 墙壁眉藻
石果衣属
微鞘藻

沙漠"皮肤"

此之外，其中还生活着一些更高等的植物，它们有根、茎、叶的分化，如苔藓。我们都知道，无论是单细胞的藻类，还是具有根、茎、叶分化的苔藓植物，它们的繁殖与生长都需要水分。

尽管北疆的沙漠有一定的植被覆盖率，但从本质上说它还是沙漠，土地贫瘠，气候干旱，加上强光的干扰和影响，环境可谓极其艰苦。但是面对种种不利条件，这些物种为什么还要在沙漠"安家"？它们在沙漠里到底是怎么生存下来的？对此，我们进行了更深入的研究。

绝地逢生

尽管沙漠是贫瘠的，但生长在其中的物种依然能够实现自给自足。为了养活自己，这些微小的生物除了进行光合作用，还有一个特别重要的技能——固氮。氮是植物生长的必需元素之一。虽然在大气成分中，70% 以上都是氮气，但这些氮气并不能直接为植物所用，只有将其固定下来，转化成可供利用的化合物，才能被植物利用。沙漠中的很多微小生物都具备这种强大的技能，它们能把氮气固定下来，转化成肥料供自己使用，如果用不完，则会留给其他植物，由此就形成了一个非常稳定的小圈子。所以，我们形容它们"自带干粮，丰衣足食"。

很多人都去过北疆的沙漠，在这一地区，地表上只有薄薄一层微小生物覆盖，但就是依靠这些微小生物，整个古尔班通古特沙漠每年可以固定约4500吨氮素，想想看，这得相当于多少袋尿素啊！我们把这些微小生物誉为"天然绿肥"，因为它们改善了沙漠地区植物的生长环境。

自带"防晒霜"的植物（齿肋赤藓单株和丛，干燥和湿润时的对比照）

沙漠中不仅有高温，还有强光。通常大家去沙漠时都会打伞，但沙漠里的植物可打不了，尤其是地表上这些脆弱的生物体。不过，不用担心，它们自有防晒妙招，我们曾打趣地说它们"自带防晒霜"。

看左图，当苔藓植物生长的时候，它的植株肯定是绿色的，但当外界条件不利于生长时，它的植株就变成了黑色。与此同时，它会把所有叶片收缩起来，紧靠着茎干。另外，苔藓植物叶片顶端还有很多被称为"芒尖"的白色结构，它会利用这些芒尖来强化对强光和紫外线的反射，避免其植株体受到伤害。所以，我们说这种苔藓植物"自带防晒霜"。

对苔藓植物来说，其顶端的白色芒尖不仅仅是"防晒霜"，还能起到输水管的作用。我们将苔藓植物的芒尖结构尺度缩小到微米和纳米级的时候，会发现，从生物力学角度来看，芒尖里有很多在纳米尺度修饰过的结构。经过计算可知，这些结构是水分子在物体表面形成水膜的最佳配置。由此可见，植物实在太神奇了，这些都是它们通过自然选择不断进化出来的。研究发现，这种结构表面有很多运河式沟槽，这些微米级的结构非常有利于植物发挥表面毛细管的作用，便于水滴向下输送。

还有一点非常神奇，这类植物不是靠根吸收水分，而是依靠叶片通过这些表面精细结构直接从空气中吸收水分的。所以，它们的根被称为假根，只起到稳定植物体，使其固着于基质的作用。尽管沙漠地区空气中的含水量非常低，但植物顶端的芒尖依然能够把空气中的水分拽出来，为己所用。

精细纳米结构吸收水分

针对这一研究成果，《科学》杂志评论道："如果人类可以利用这种非常神奇的、精致的自然结构制造出水分收集器，并将其放到沙漠里，是不是就可以帮助那里的人收集水分？"或许在未来，这一研究成果还可以应用在人类探索火星及仿生学方面。

冬季的北疆古尔班通古特沙漠

通常情况下，大多数人会在夏天、秋天或春天去沙漠游玩，很少有人会选择冬天去，因此见到沙漠雪景的人也很少。上图是北疆古尔班通古特沙漠被白雪覆盖的景象。我们注意到，在万物生长的季节，当别的植物都在疯狂生长和繁衍的时候，沙漠"皮肤"却没有任何动静，而是处于休眠状态。此时的它是干的，用手一搓就碎了。这些"皮肤"为什么会这样？为什么选择在这一时间段"睡大觉"？

我们猜测，很可能有某个时期被我们忽略了，而在那个时期，它会迅速生长。后来我们才知道，被忽略的时间段恰恰就是冬季，因为我们很少在冬季去沙漠。在冬季，古尔班通古特沙漠表面会有

30~40厘米厚的积雪，并且会维持三四个月。

我们把积雪拨开后，秘密就解开了：苔藓植物体上都挂满了冰晶，正在"高兴"地生长。我们从右图中可以看到，植株都是绿色的，绿色就意味着生长。那么，在这样恶劣的环境下，它们是如何生长的？

沙漠苔藓植物上挂满了冰晶

在炎热的夏天，植物有耐旱基因发挥作用。在严酷的冬天，植物也自有耐寒基因来应对。这个小小的植物体内包含了很多宝贵的基因资源，正是因为拥有这些基因，苔藓植物才能克服不利的气候条件生存下来。经过多年进化，这些脆弱的物种早已跟沙漠融为一体。讲到这里，大家可能会说，沙漠"皮肤"真好，真希望能越来越多，如果整个沙漠都是它们就好了。但我要告诉大家，这是不行的。任何事物都有两面性，如果结皮大量生长，其他物种的生存空间就会迅速丧失。

不同植物的种子形态

上页下图是生长在这个区域的一些植物的种子。我们可以看到，这些种子的形态大不相同，有些外面还有附属物——有的"戴着帽子"，有的"穿着衣服"，还有的在"放风筝"。此外，还有些种子是"裸奔"的状态，什么附属物都不带。我们猜测"裸奔"的种子可能更容易在"皮肤"上生存。因为它们更容易掉到缝隙中，与土壤接触，有生根萌发的机会。因为种子一定要借助土壤才能保证它的生命力。如果脱离土壤太久，就会丧失生命力，也不能发育成单独的个体，更别说长成一棵小草了。

通过实验，我们发现最初的假设是成立的。那些"拽着风筝""戴着高帽"的种子都不适合在这样的环境里生长。久而久之，该区域里具有这种特征的种子难以萌发，它所对应的植物就会逐渐退出历史舞台，最终导致该区域植物多样性下降。而某个区域植物多样性的降低，则意味着该区域的生态系统不够稳定。

我们还发现了一个非常奇怪的现象：虽说带有附属物的种子在沙漠里不易存活，但在沙漠中那些长满"皮肤"的地方出现了大量的绿色植物——尖喙犃[1]牛儿苗。更为奇怪的是，这些绿色植物的种子比我们前面列举的那些种子还要怪异——它们的附属物很长、很大。例如，下图中这颗像子弹头一样的种子，上面伸出一根"旗杆"，"旗杆"上还有"羽毛"（它们都是种子的附属物）。那层黑乎乎的东西是结皮。

尖喙犃牛儿苗的种子形态

这种植物是靠下面的"子弹头"来产生下一代植物的。把结皮掀起来，植物的种子就在里面。按理说，由于种子后面拖着长长的"旗杆"，在它落地之后应该被隔离在结皮外面才对，那它是

---

1 犃：读作 máng，毛色黑白相间的牛。

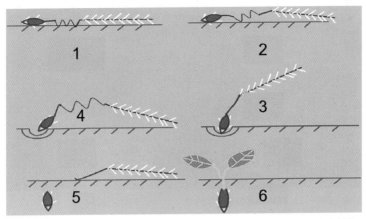

尖喙牻牛儿苗的种子进入土壤的全过程

怎么进到结皮里面的呢？

　　上图是种子上部附属物的示意图：在"羽毛"之前有一个螺旋，螺旋之后是长长的"羽毛"。种子落地之后，在风力的作用下，它会在结皮上找到一些小空隙并落在里面。但由于后面拖着长长的"尾巴"，它没办法完全穿透结皮，于是它的"羽毛"开始发挥作用。"羽毛"和种子之间有一个夹角，当有风吹来时，"羽毛"会旋转。与此同时，"羽毛"前面的螺旋受到水分的浸润时，会逐渐解开、伸直。再加上不断随风旋转的"羽毛"，种子最终能够完全穿透结皮，进入土壤中。

　　从上图中，我们可以看到"子弹头"表面是白色的，这其实是它的附属毛——种子毛，上面全是倒刺，这就决定了种子行进的方向——只能往下走，不能往上走或退回来，就像射出去的箭一样。随着风的吹拂，"羽毛"带着种子不断摆动、旋转。种子的螺旋结构、羽毛结构，以及它们的运动，都使得种子能够很好地适应当下的环境。而且这些"明星"植物不仅长得很漂亮，还有其独特的生存之道。

扎满尖喙牻牛儿苗的结皮地表

沙漠也会得"皮肤病"

从前面的介绍可知,土壤结皮的确是个好东西。如果它不得"皮肤病",一定能保护好"沙漠"这个主人。但对如今的沙漠而言,患上"皮肤病"已经变成了司空见惯的症状。

这种病是什么原因造成的呢?答案就是人类的频繁干扰,比如建造大型工程、驾驶大型车辆穿行其中,等等。这些人类活动都导致沙漠"皮肤"变得斑斑驳驳,而且久治不愈。我们都知道沙漠离不开结皮,没有它,沙漠就会变得不稳定。另外,放牧对沙漠结皮的破坏也很大,所以我们要加强对沙漠结皮的保护。

如今,沙漠旅游(如大漠徒步)已成为"新兴人类"最喜爱的旅行项目之一,但大家去沙漠徒步的时候,要尽量排成一队行进,尽可能将人类对地表结皮造成的破坏程度降到最低,同时避免不文明行为。因为踩在结皮上的这一个脚印,瞬间就可以将已经发育和生长了数百年的生命摧毁。

人类干扰造成的沙漠"皮肤病"

思考一下:

1. 塔克拉玛干沙漠和古尔班通古特沙漠有什么不同的地方?

2. 为什么科学家把生物土壤结皮比作沙漠"皮肤"?

3. 沙漠植物有哪些适应恶劣环境的生存本领?

演讲时间: 2019.6
扫一扫,看演讲视频

与非洲植物的
N 种邂逅

刘冰
中国科学院植物研究所副研究员

稀树草原（旱季）

非洲的两副面孔

我对非洲植物的研究区域是东非大草原，包括肯尼亚、乌干达和坦桑尼亚等国家。由于特殊的气候条件，这里的植物在生存斗争方面充满了智慧。

东非有个东非高原，海拔有1000多米。在那里，比较占优势的植被类型是稀树草原，但它在旱季和雨季时的样子有着"天壤之别"，上图和对页图就是它在旱季和雨季时的不同的典型特征。大家可以看到，在上图中，植被前方有一群正在迁徙的角马，远景中是稀疏的乔木，包括猴面包树和金合欢等。

我第一次去非洲时正好赶上旱季。当时我很失望，心想这里怎么这么荒凉，什么都没有。后来雨季时再去，我发现那里完全变了

稀树草原（雨季）

样。上图就是稀树草原雨季时的样子，地上的草非常绿，树木繁茂。

中国的夏季正好是非洲的旱季，冬季是非洲的雨季。所以，如果你想看雨季的东非大草原，就要选择冬天的时候去，如果你想看旱季的东非大草原，则要挑夏天的时间去。那里最壮观的场面之一——动物大迁徙，就发生在旱季。因为旱季的时候很多地方都没有水草，动物为了寻找新的水源和食物会进行迁徙。

东非植物的"狂野之举"

为了不被吃掉，非洲的植物装备了各种各样的"武器"。下页图是金合欢属灌木。金合欢其实是豆科植物，我国也有它的一些"亲戚"分布，如公园里常见的合欢树。

合欢（*Albizia julibrissin*）

　　另外，还有盆栽的含羞草和山上野生的山槐（又名山合欢），它们都是豆科植物，和金合欢是一个家族。我国云南省也分布有金合欢家族的一些种类，如相思树、金合欢、儿茶和灰合欢等，它们共同组成这个大家族。

　　在云南、广西、广东等热带地区，还有一类灌木状的儿茶属和金合欢属植物。云南当地人会把它幼嫩的树叶当作野菜食用，称其为"臭菜"。闻着臭，但吃起来非常香，很可能和臭豆腐的原理类似。

　　但是，当它们生活在非洲时就完全不一样了。对页上图就是非洲金合欢属灌木的样子：树形比较统一，从基部开始分枝，上面是展开的树冠，然后是叶子。它的树形为什么会长成这样呢？最大的原因是为了在当地残酷的环境中生存下来。作为食草动物的食物来源之一，千百万年来，它们在与食草动物的斗争中实现了共存。作为稀树草原上最常见的植物之一，金合欢是其中的典范。它们用的是什么办法呢？答案就是长刺，长各种各样的刺。

金合欢属（*Vachellia* spp.）

　　比如在下面这两张图中，叶子还没长大，刺就相当长了，把幼嫩的叶子保护了起来。为了防止一些动物爬树，它们的树干上也会长很多刺（见左下图）。有一些金合欢灌木的刺虽然没有那么长，但是倒弯钩形状的，也很厉害。另外，还有一些金合欢属灌木会把茎干里的空间变得膨大，让蚂蚁住进去（见右下图）。如果有食草动物敢吃这些树的叶子，蚂蚁就会马上出来攻击它。

金合欢属植物的刺

大家怕不怕金合欢的这种"全副武装"？其实我是很怕的。在草原上采集金合欢的标本是非常困难的，我们通常要戴着手套剪枝。尽管如此，它还是经常会把我们的衣服划破，胳膊和手划得血肉模糊。

香花儿茶（*Senegalia mellifera*）

不过，也有一些食草动物不怕金合欢的刺，如长颈鹿。上图是金合欢属灌木中的一种，叫香花儿茶，它的整个树干上都长有倒弯钩的刺。对长颈鹿这样的"厚脸皮"动物而言，这些刺形同虚设，因为它们的嘴巴、舌头、脸等部位的皮肤特别厚，完全可以抵挡这些刺。所以，长颈鹿在香花儿茶有叶子的时候吃叶子，有花的时候吃花，完全不在乎这种刺。但对其他个头比较矮的动物而言，金合

马赛刺桐（*Erythrina burttii*）

欢的这种防御手段还是很有效的。另外，豆科的其他一些类群有时也会长成金合欢的样子，如刺桐。

刺桐在草原地区很常见，往往会在旱季开出满树的红花。为什么叫它刺桐呢？因为它们的树干上密密麻麻都是刺，很多动物是爬上不去的。它们开花的时候非常漂亮，每朵花都像一只飞翔的小鸟，事实上它们也可能是靠这种形状来吸引鸟类为其传粉的。

还有一些植物不但有刺，而且它们的树皮里还有一些苦味物质，比如光叶卤刺树，就连动物也不喜欢它的口感。所以即使是那些不怕刺的动物，只要咬上一两回，以后就再也不会吃了。

多肉植物像树一样高？

　　非洲的一些多肉植物长得很魁梧，不像那种很可爱的盆栽小多肉，而是长成了左下图这种模样——乔木状的大树。这种大戟能长到六七米高，外形像仙人掌，但和仙人掌没有任何关系，是大戟科的类群。它整棵树的叶子已经完全退化，只剩下绿色的茎干来进行光合作用。

华烛麒麟（*Euphorbia candelabrum*）

奇伟麒麟（*Euphorbia bussei* var. *kibwezensis*）

　　右上图是另一种大戟，名叫奇伟麒麟，它的茎上有很多棱，棱上又长了很多密密麻麻的刺。如果它碰上了像长颈鹿这样不怕刺的动物，该怎么办呢？别担心，它还有另一个武器——根茎里的乳汁。根茎被咬开之后，乳汁就会渗出来。这种乳汁有剧毒，所以连长颈鹿这样的"勇士"都不敢下口。

　　除了这些乔木，当地的很多草本植物和灌木也都进化出了各种各样的防卫武器。例如左图中这种飞廉，

肯尼亚飞廉（*Carduus keniensis*）

它们浑身密布硬刺，相比我国分布的那些娇弱飞廉，它们要雄壮得多。

除了这些物理性的刺外，当地的植物还有一些化学性的防御武器，比如下图中的蝎刺荨麻树，从名字中我们就能看出来，它非常厉害。我国的荨麻科草本植物中有一些会蜇人的类群，它们在非洲竟然可以长得像树一样，最高能长到四五米高。

将它放大，我们能看到它的叶柄和茎上长着密密麻麻的小刺，一旦皮肤触碰到，这些小刺就会马上把里面的毒液注射到我们的皮肤里，然后皮肤上会起泡，让人疼上一个星期甚至更长时间。像这样的蜇人植物还有刺痒藤，皮肤只要被它的枝叶轻扫一下，就感觉好像有十几条毛毛虫在胳膊上爬来爬去，又疼又痒，而且这种感觉会持续好几天。

有这么多有刺的植物，当地居民也经常会加以利用，比如邻里之间可能不盖围墙，而是直接种植有刺的植物当作篱笆。锡兰莓就有这种功能。当地常见的锡兰莓有两种：一种叫东非锡兰莓，另一

蝎刺荨麻树（*Obetia radula*）

种叫南非锡兰莓。它们的茎干上都有刺，结的果也可以吃，味道不错，既能鲜食又能做成果酱。

当地人也会种没有刺的植物来做篱笆，如唇形科植物毛喉鞘蕊花，能长到三四米高。一开始我们并不知道它们有什么用途，只知道唇形科植物通常带有浓郁的香味，如薄荷、迷迭香和薰衣草等，就猜想当地人可能是用它来做香料。但后来事实证明，我们猜错了。当地人告诉我们，因为这些植物的叶子又厚又大，所以在没有手纸的时候可以用来擦屁股，而且用起来丝滑柔软，非常舒服。另外，由于它带有香味，所以使用后人的手上会留有余香。这样一来，一举三得。

在非洲"吃瓜"是种什么体验？

大家可能经常坐当"吃瓜群众"。在非洲，我们也会吃瓜，不过是吃真的瓜。左下图是一种野生黄瓜，叫作刺猬黄瓜。把它切开之后，我们发现里面有果肉和籽之类的东西，闻起来有一股浓郁的黄瓜香气，但吃起来味道一般。而且请注意，野生黄瓜中有些种类毒性很大，不要轻易试吃！

刺猬黄瓜（ *Cucumis dipsaceus* ）

黄瓜属的一个未知种（ *Cucumis sp.* ）

在当地，我们见到了各种各样的野生黄瓜。为什么会关注这些呢？因为它们都是栽培黄瓜的野生近缘种。我们都知道栽培黄瓜是从野生黄瓜驯化而来的，所以这些野生近缘种是潜在的种质资源，比如它们可能具有抗病、抗旱、抗虫等特性，通过杂交育种就有可能提升栽培黄瓜的品质，或者培育出新品种。

东非葫芦（*Lagenaria abyssinica*）

葫芦（*Lagenaria siceraria*）

上图左边的这种葫芦名叫东非葫芦，是栽培葫芦的一个野生近缘种。大家可能会问，葫芦怎么是这种形状？右边中的那个才是我们常见的形状。但其实古代人舀水的时候用的葫芦瓢，是左边这种形态的，后来才培育出了右边这种用来装水和酒的葫芦。它们都是从野生状态的球形类型培育而来的。

其实在当地，这些瓜类结成这样的形状是为了传播自己的种子——让动物来吃它们的果肉。吃了果子的动物会将种子撒播到远处。这些植物没有脚，不会走路，只能靠动物来传播。所有靠动物吃自己的果肉来传播种子的植物都有一个特性，即它们的种子全是耐腐蚀的，绝对不会被动物的消化液消化掉。有人可能会问我是怎么知道的：就像我们如果吃瓜不吐籽，当把它们排出来的时候，就会发现籽还是完整的。

吊瓜树（*Kigelia africana*）

接下来我们继续吃瓜。上图中的植物是吊瓜树，它并不是葫芦科植物，而是紫葳科的，只是果实长得像瓜，开的花是红色的。这种瓜非常大，皮很坚硬，很难打开，人是吃不了的。那谁会吃呢？是大象。大象在旱季时以这种瓜为食，吃完了再把它的种子撒播到远方。

除此之外，还有一种非洲特色植物，就是猴面包树，它在旱季和雨季时是完全不同的两种模样。雨季时，它的叶子又绿又大，还会开出白色的花。但等结果之后，也就是非洲旱季的时候，它的所有叶子都会脱落，这时当地的很多动物都会来吃它的果实，也就顺便帮它传播了种子。

当然，它的果实人也可以吃。我们把果实剥开，就会发现里面有纤维质的果肉，味道比较酸，所以需要加点水、糖或者蜂蜜调制一下。如果大家有机会去非洲旅游，一定要品尝一下当地的猴面包树果汁，味道还是不错的。

虽然我做的是植物调查，但也难免要和当地的动物打交道，尤其是那些食草动物。因为对我们来说，食草动物是敌人，它们吃我们心爱的植物，而食肉动物基本不会伤害人。对人类来说，最危险的反而是两种食草动物，一种是大象，另一种是非洲水牛，尤其是当它们落单的时候。因为它们可能是被群体赶出来的，正郁闷，看见了人就更生气了，于是便会冲过来。

所以，如果你去东非大草原，要特别留意这两种动物。

非洲的草比人还高？

除了草原，非洲还有很多其他形态的生境。因为这里处在东非大裂谷地带，所以有很多火山。很久以前喷发的火山形成了一些高山，比如非洲最高的乞力马扎罗山，第二高的肯尼亚山，第三高的鲁文佐里山，它们都在东非这一带。

在这些高山上，比如在海拔3000米甚至3500米以上的地带是没有大型食草动物的。那么，这些地方的植物的生存压力会不会小一点呢？其实也不小，它们面临的最大问题是冷。因为这里的海拔很高，每天晚上温度都会降到0℃以下，白天又会升到20℃左右，昼夜温差特别大。

比如乞力马扎罗山的主峰，在100年前可能整个主峰都被冰雪覆盖着。现在因为全球气温升高，只剩山头那一点点雪了。为了在这种环境下生存下来，很多植物都采取了一些保暖措施，如千里木，能长七八米高。这类植物长得非常慢，据测算它们每年大概只能长2厘米，所以当地那些高大的千里木大多都有几百岁。它在我国也有一些近亲分布，如千里光，一般生长在路边，开着小黄花。

千里木所有的叶子都聚集在顶部。晚上，顶部的叶子会稍微往里收合，把里面的幼嫩组织保护起来。白天时，它们则会再次打开

乞峰千里木（*Dendrosenecio kilimanjari*）　林荫千里光（*Senecio nemorensis*）

顶部的叶子。千里木的花与千里光的非常相似，都是小黄花。非洲
还有一些相对矮一点的矮千里木，但也能长到一两米高。

　　再往上，在接近乞力马扎罗山主峰的位置，千里木就存活不
了了，因为那里风更大，温度也更低。但有其他植物能够生存，比
如下图中这种小型的千里光，它的名字叫垫状千里光。为了避风，
它们一般只有10厘米高，相对较矮，并且浑身密布白色茸毛，以
此来保暖。这是非洲当地能够在海拔较高的地方（海拔在5300～
5400米）生存的唯一植物，它
周围已经没有其他形式的生命
体存在。

　　除了千里木，非洲当地还
有一类草本植物也长得非常高
大，如巨型半边莲。我国也有
半边莲分布，如密毛山梗菜，
它在我国能长到1米多高，花
序比较大，但它的兄弟大苞硕

垫状千里光（*Senecio telekii*）

莲在非洲就完全是另一个样子了，从左下图中我们可以看到，整个花序呈圆柱，每一朵小花都藏在苞片里，这其实是为了保暖。另外，还有一种更夸张的半边莲，叫蓬头硕莲，它的苞片上密布茸毛，所有的小花都藏在带有茸毛的苞片下面。

这些年非洲当地发生了很多变化，仅中-非联合研究中心就贡献了好几万份植物标本，相信以后还会有更多。因此，在未来，中国学者要以世界的眼光去探索这个庞大植物王国的奥秘。

大苞硕莲（*Lobelia gregoriana*）　　　蓬头硕莲（*Lobelia telekii*）

演讲时间：2021.8
扫一扫，看演讲视频

思考一下：

1. 非洲的旱季和雨季有哪些不同的特点？

2. 为了防止自己被食草动物啃食，非洲的金合欢属植物是如何武装自己的？

3. 乞峰千里木是如何应对高海拔地区的恶劣气候的？

雪域精灵

王强
中国科学院植物研究所研究员

说到喜马拉雅，很多人想到的可能是连绵不断的巍峨雪山，或是南迦巴瓦静谧的星空，抑或是高原上特别多的像晶莹剔透的蓝宝石一样的湖泊。但在植物学科研工作者眼中，喜马拉雅是一个遍布奇花异草的神圣之地，那里生活着成千上万的植物小精灵，它们才是喜马拉雅的灵魂。我们研究的区域比喜马拉雅稍微大一点点，叫泛喜马拉雅。除了喜马拉雅山脉，它还包括横断山区、喀喇昆仑山脉和兴都库什山的一部分。从2013年到现在，我们在这片区域进行了大量的野外考察，研究当地的植物。

为什么研究泛喜马拉雅地区的植物？

可能有人会好奇，世界这么大，为什么要研究这里的植物？这是因为泛喜马拉雅地区是每一个植物分类学家心中的圣地。这片区域内生长着2万多种高等植物，这个数字是非常大的，可能很多朋友对此不一定有概念。但通过对比，你就能明白它的重要地位了：该地区的物种数占中国所有高等植物种类的三分之二，是整个欧洲高等植物种类的2倍，整个北美洲高等植物种类的1.5倍。

如果以每万平方千米的物种数来计算植物物种密度，那么泛喜马拉雅地区的植物物种密度是118，这非常惊人。这一数字相当于中国平均物种密度的4倍，欧洲物种密度的12倍，北美洲物种密度的15倍。非营利环保组织保护国际曾对全球生物多样性的热点地区进行评估，一共评出34个，泛喜马拉雅地区就有3个，差不多占总数的十分之一。由此可见，泛喜马拉雅地区的植物多样性研究是植物分类学领域最重要、最基础的工作之一。

说到雪域高原的植物，大家第一个想到的可能是雪莲花，它可能是雪山上最著名的植物。它之所以这么著名，主要归功于金庸先生的武侠小说。金庸在小说中赋予了雪莲花神奇的功效，它不仅可以使人返老还童，还可以起死回生，武林人士吃了它还可以极大地提高功力（当然，这只是传说）。

现代医学研究表明，天山雪莲确实有药用价值，可以提高人的免疫力，还可以增强人们防紫外线辐射的能力，但其功效并不像小说里写的那么神奇。正因为它的知名度如此高，人们对其的需求量才剧增，最终导致野

苞叶雪莲（*Saussurea obvallata*）

生的雪莲花大幅减少。据我所知，目前新疆地区已经大面积引种栽培这种植物，所以市面上可以买到。而且据说栽培的比野生的药用成分含量更高。

由于供不应求，雪莲花的兄弟姐妹就遭了殃，也就是其他种类的雪莲，比如上图中的苞叶雪莲（泛喜马拉雅地区常见的一种雪莲），有些游客将它们挖回去炖鸡汤。除了苞叶雪莲，还有雪兔子，它也是天山雪莲的近亲（算是堂姐妹，都属于菊科风毛菊属），也跟着

苞叶雪莲（*Saussurea obvallata*）

绵头雪兔子（*Saussurea lanicep*）

遭了殃。事实上，这种植物并没有什么特别的药用价值，也无法给人的身体带来好处，食用后反而有可能中毒，因为它含有秋水仙碱。曾经有一篇标题为《雪兔子在哭泣》的文章，就讲述了雪兔子遭受的不公待遇，被人破坏性地采集。所以，大家以后不要再挖雪兔子回去炖鸡汤了。

高处不胜寒

关于植物的适应性，前面说到的雪莲，它的叶子会特化成苞片，把花和果包在其中，形成一个"小温室"，防止花和果被冻伤。雪兔子也一样，虽然它没有小温室，但长了很多绵毛，这些绵毛同样可以起到保暖的作用，防止它的花和果被冻伤。这就是它们各自的生存策略。

塔黄（*Rheum nobile*）

与雪莲的策略类似的还有塔黄，它也是泛喜马拉雅地区著名的植物之一，同样是用硕大的苞片把花和果包裹在里面。如果把它的苞片掀起来，你会看到里面有非常多的小花，这也是通过模拟温室来保护自己的方法。有人专门测量过由苞片形成的这个"小温室"，发现里面的温度确实比外面高出许多。这种植物在泛喜马拉雅地区非常常见，特别是藏南地区，有些有2米多高，看上去亭亭玉立。

可能有人会问，通常我们所理解的雪域高原是非常寒冷的，风沙又大，环境十分恶劣，怎么能有这么多植物呢？它们是怎么存活下来的呢？前面我们已经介绍了雪莲、雪兔子和塔黄应对恶劣环境的策略，回答了大家心中的一些疑问，但是雪域高原上还有很多其他种类的植物精灵，它们是怎样克服这一困难的呢？

在世界最高峰——珠穆朗玛峰，不仅有非常漂亮的雪山，还有常年七到八级甚至十二级的大风。想象一下，高大的植物在十二级大风的侵袭下，肯定会被吹得东倒西歪，什么样的植物能在这里生存呢？

大家如果去珠穆朗玛峰，可能会看到流石滩上有不少下图中的这种圆石头。如果凑近看，你会发现石头上有很多白色小花。这并不是石头开了花，而是一种叫作垫状点地梅的植物。

这是一种垫状植物，非常矮小，贴近地面，所以不怕风吹。而且它采用抱团取暖的方式，甚至可以富集流石滩上面的水分和营养物质，为其他更加脆弱且无法适应流石滩的植物提供一个生存空间——让其他脆弱的植物在它们中间生长，并吸收这里的水分和营养物质。所以，我们把这类垫状植物称为"生态系统的工

垫状点地梅（*Androsace tapete*）

垫紫草（*Chionocharis hookeri*）

程师"。

除了垫状点地梅，还有一种名叫垫紫草的垫状植物，采用的也是贴地策略。它开着蓝色或者紫罗兰色的小花，非常美，远远望去就像雪山上覆盖了一层蓝色地毯。

在西藏著名的羊卓雍措（"措"就是湖的意思，这是高原上一个像蓝色丝带一样的湖泊）边的山坡上，生长着一种叫作藏波罗花的漂亮植物，它是泛喜马拉雅地区的代表性植物之一，十分常见。但在这样贫瘠的环境中，藏波罗花是如何繁殖出一大片并开出硕大的花朵的？这主要得益于藏波罗花埋在土里的肥大、粗壮、肉质化的根，能够将水分和营养物质储存起来，等到需要的时候再加以利用。这种植物采取的是一种保存实力的策略。

藏波罗花（*Incarvillea younghusbandii*）

川贝母（*Fritillaria cirrhosa*）

与它采取类似策略的还有著名的药用植物川贝母。川贝母虽然没有肉质化的根，但它有一个非常肥厚的白色鳞茎，也是储存水分和营养物质的结构。而到了七八月，也就是雪域高原最美、最温暖的月份，它们会集中"释放"能量，并开出美丽的花朵来吸引昆虫传粉，以此完成它们繁殖下一代的任务。

除了前面说的那些策略，还有一种植物非常"狡猾"，就是白粉圆叶报春，虽然它不会建造温室，不穿"棉衣"，也不抱团取暖，但它会躲。这张照片（见下页上图）拍摄于西藏亚堆扎拉山海拔5300米的一个地方，这种可爱的植物生长在流石滩旁边的大石头缝里，如果你不仔细观察，根本发现不了。它躲在石头缝里，为自己找了一处坚固的住所，过着甜蜜舒适的小日子。

白粉圆叶报春（*Primula littledalei*）

"最有心机"的植物

"全副武装"的科考队员

　　植物有很多策略来应对高原寒冷严酷的气候，但在泛喜马拉雅地区，不仅有雪山、冰川，还有很多森林，比如西藏林芝，那里保存着中国最好的原始森林，一到秋天，层林尽染，非常漂亮。如果翻越喜马拉雅到南坡，一直走到墨脱县，你还可以看到雨林（这是地球最北端的山地热带雨林）。

　　通常我们在野外科考时（尤其是在热带雨林），一定会"全副武装"，以免被蚊虫叮咬。例如左图中的这个人，包裹得严严实实的，连眼睛都看不到，其实这个人就是我。大家可能猜不到我为什么打扮成这个样子。这是因为我在墨脱雨林中考察时，遭遇了一种非常"有心机"的植物，它就是西藏对叶兰。这种植物有两枚对生的叶子，开着一串绿色的小花。当时我弯下腰准备采一株做标本，突然感觉帽子上落下重重的"雨点"，打得帽子沙沙响，但我往四周看了看，并没有发现下雨的迹象。可是帽子上的"雨点"却越打越重，砸得脑袋生疼，有一两次好像戳穿了帽子，就这样，我被这些"雨点"给轰了出来，也没来得及看清楚它们究竟是什么。

随后我去了雨林附近的小溪边，我缓过神来时，还是不死心，就想采一株西藏对叶兰做标本。于是我在头上加了一顶遮阳帽，然后套上防蚊虫帽，又冲进了雨林。当我再次弯下腰要采标本的时候，又被"雨点"精准地袭击了。这次打得更重，直接穿透了帽子，头上顿时起了三个大包，所以我被迫又退了出来。这一次，透过防蚊

西藏对叶兰（*Neottia pinetorum*）与野蜂

虫帽的帽纱，我看到原来攻击我的那些"雨点"是野蜂，我很好奇它们为什么攻击我。即便要攻击我，为什么每次都选择在我弯下腰的那一瞬间？我很纳闷。

逃出雨林后，我还是不死心，并向队友借了一顶帽子，打算戴三顶帽子进去。这一次，一只野蜂都没出现，可能是它们觉得我戴的帽子太多了，根本戳不透，也可能是它们的蜂针用完了。最终，我如愿采到了心心念念的西藏对叶兰。

成功采到西藏对叶兰后，我认真观察它的花的形态，发现它的花上长了一对像小翅膀一样的东西，看上去很像野蜂，这才醒悟，原来我在采标本时，野蜂以为我在攻击它们的同类，所以才对我发起了攻击。从表面上看，西藏对叶兰似乎可以召唤它的"守护使者"来保护自己，但分析之后我发现，它们这么做不是为了召唤"守护使者"，因为并不是随时都有人去采集它，而是在模仿雌性野蜂，吸引雄性野蜂来传粉。

与动物行为有关的植物

在西藏，还有一些与动物行为有关的植物。想必很多读者都是铲屎官，如果你们家的猫主子过于高冷，你可以试试用我下面介绍的这些植物博取它的欢心，如藏荆芥。藏荆芥开着一串一串非常漂亮的小紫花，很多人可能都不认识它。在这里，我重点介绍一下它的一个著名的堂姐妹——荆芥。荆芥的英文名是"catmint"，也就是我们通常说的"猫薄荷"，又被称为"猫草"。

一说到猫草，大家是不是就非常熟悉了？因为宠物店里一般都有售卖。那么，这个东西到底有什么用呢？原来它对猫有致幻效果。如果闻了猫草，大部分猫都会陷入一种迷幻的状态，达到

荆芥（*Nepeta cataria*）

异色荆芥（*Nepeta discolor*）

康藏荆芥（*Nepeta prattii*）

猫生巅峰。荆芥之所以有这种效果，是因为它会分泌一种叫作荆芥内酯的物质。在泛喜马拉雅地区，还有很多荆芥类植物，如异色荆芥和康藏荆芥，它们都可以分泌荆芥内酯。

假如武松懂植物学

根据近期比较基因组学的研究发现，荆芥属植物分泌的荆芥内酯不仅对猫有致幻作用，对绝大多数的猫科动物（甚至包括像老虎和豹子这样的大型猫科动物）也有作用。而且这种物质只有荆芥类植物才可以分泌，像荆芥的近亲，如活血丹属、藿香属和神香草属等都不能分泌荆芥内酯。

这让人想起了《水浒传》里的"武松打虎"情节。我们都知道景阳冈在山东，那里有野生荆芥分布，当时武松要是懂点植物学常

多刺绿绒蒿（*Meconopsis horridula*）

康顺绿绒蒿（*Meconopsis tibetica*）

识，先在景阳冈采上两把荆芥，也许就不用那么辛苦地打虎了。当然啦，这只是基于理论的推测，大家可千万不要抓着荆芥就冲上山去找老虎，这是非常危险的行为，因为并不是每一只老虎都对荆芥有反应。

在泛喜马拉雅地区，除了前面说的那些植物，还有非常多的漂亮的、仙气十足的植物，如绿绒蒿属植物。绿绒蒿是著名的高山花卉，被称为"喜马拉雅之光"，在国际园艺界有非常高的知名度。另外，那里还广泛分布着渐变色的多刺绿绒蒿。

如果你到珠穆朗玛峰的东坡，还可以看到褐红色花冠的康顺绿绒蒿，非常稀有。如果你到层林尽染的林芝，可以看到更多绿绒蒿类植物，如藿香叶绿绒蒿、全缘叶绿绒蒿。

告别绿绒蒿，我们前往嘎隆拉雪山（波密县和墨脱县的分界雪山），那里生长着一种名叫乳黄雪山报春的漂亮植物。它仿佛自带滤镜一般，不管你用什么相机，对焦有多么精准，最终的成片都有一种朦胧美。另外，你在那里还可以看到一种名叫岩须的植物，它的白色小花是一串一串的，像风铃一样，十分可爱。

乳黄雪山报春（*Primula agleniana*）

岩须（*Cassiope selaginoides*）

雪域精灵

植物界的学霸

　　离开嘎隆拉雪山，我们前往亚堆扎拉雪山（位于西藏山南地区的一座漂亮雪山，海拔6635米）。那里有一种非常不起眼的小型草本植物，叫乌奴龙胆，可不要小瞧这种植物，它可是泛喜马拉雅地区植物中的学霸——"几何课代表"。它可以通过控制叶片的生长方式，把叶片精准地排列成正方形。但是它为什么要这样做？其中的原因有待揭示。在泛喜马拉雅地区，龙胆属植物有200多种，占全球龙胆属植物总数的三分之二。此外，龙胆属植物还是一类名贵的药用植物。

乌奴龙胆（*Gentiana urnula*）

草莓花杜鹃（*Rhododendron fragariiflorum*）

　　在泛喜马拉雅地区，除了药用植物，还有很多植物具有重要的观赏价值，如著名的高山花卉——杜鹃花。上图中的草莓花杜鹃，它是高山灌丛常见的建群种，远远望去就像一片红色的地毯。在我国美丽的藏南地区，还有大片大片的杜鹃花海，种类繁多，数不胜数，如黄杯杜鹃、树形杜鹃、钟花杜鹃、三花杜鹃……

　　这里补充一个冷知识，英国著名的爱丁堡皇家植物园最引以为骄傲的物种就来自泛喜马拉雅地区。100多年前，英国人从泛喜马

巴塘马先蒿（*Pedicularis batangensis*）

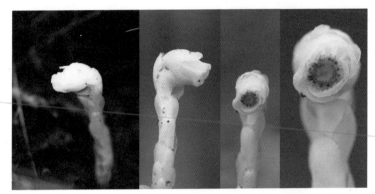

球果假沙晶兰（*Monotropastrum humile*）

拉雅地区引入了上百种杜鹃，都栽培在这座植物园里。

除了杜鹃花，泛喜马拉雅地区还生长着一些花冠形态非常特殊的植物，如上图中的巴塘马先蒿，它们就像一只只翩翩起舞的丹顶鹤。在泛喜马拉雅地区，马先蒿属植物有360多个种类，占了全球马先蒿属植物总数的三分之二。

"高能预警"！接下来要介绍的这种植物可能会让你觉得不自在，因为它长得很像蓝光摄像头，正在暗中观察你的一举一动。这种植物叫球果假沙晶兰，蓝色的"摄像头"实际上是它雌蕊的柱头。球果假沙晶兰跟一般的绿色植物不一样，它全身雪白，甚至半透明，不含一点叶绿素，所以它不能进行光合作用，而是靠吸收林下腐殖质中的营养和水分来存活的。

　　另外，泛喜马拉雅地区还有一种求生欲极强的稀有物种，它就是下图中的高山贝母。我不想说它来自哪里，因为我不想让它再受到伤害。这种植物在野外很难被发现，因为它的花、叶和茎长得像石头一样，灰蒙蒙的，隐藏在碎石堆的缝隙中。它之所以要极力模仿石头的形态，是因为不想被人类发现，否则就会遭到灭顶之灾。

盗挖高山贝母留下的盗洞　　高山贝母（*Fritillaria fusca*）的花

　　高山贝母是一类非常昂贵的药材，所以人们会把它们挖去售卖。在上图中，高山贝母尸体的旁边有好几个盗洞，也就是图中标红圈的地方，它的植株已经干枯，下面可以入药的鳞茎早已不知去向，让人非常难过。目前，在我国几十家主要的植物标本馆中，高山贝母的标本总数仅有5份，非常稀有。另外，如果把高山贝母的花瓣开，你会发现里面是五彩斑斓的，非常美丽。

大花黄牡丹（*Paeonia ludlowii*）

最"爱国"的植物

最后再介绍一种植物，它就是"大花黄牡丹"。大家可能会想，这个牡丹和我们的"国花"牡丹有什么关系？我国共有9种野生牡丹。通过基因序列分析，我们发现古人把其中5种野生牡丹相互杂交，最后产生了国色天香、雍容华贵的"国花"。因此，可以说我们的"国花"是这5种野生牡丹的孩子。另外，我们还发现大花黄牡丹是起源最早的牡丹，也是牡丹里的原始类群，相当于牡丹类植物的"长子"。

大黄花牡丹最让我感动的一点是它的爱国情怀，为什么这样说呢？目前这种植物只在我国西藏的米林市和隆子县有分布。众所周知，植物通常喜欢通过散布种子来扩张自己的领地，占据更多的生态位。植物如果想出国，它是不需要护照的，海关也不可能拦它。但是大花黄牡丹生活在祖国的边陲，却从没想过越过国界，离开自己的故土。人们只有在林芝地区的米林市和喜马拉雅南坡的隆子县才能看到它的身影。所以，我觉得它非常热爱自己的故土。

现在大家的环保意识越来越强了，但在历史上，大花黄牡丹遭受了严重的破坏，令人痛惜。为什么会惨遭毒手呢？这是因为牡丹的根皮（被称为"丹皮"）可以入药，所以有些人便把它们挖出来，取其丹皮当作药材出售。看到大花黄牡丹的这一遭遇，不禁让人想起了一种动物——麋鹿。我国以前有很多野生麋鹿，还被引入了英国，但后来我国的麋鹿灭绝了，不得不从英国重新引进这一物种。

100多年前，英国人也把大花黄牡丹引种到了伦敦，如今我们可以在英国自然历史博物馆大门前的花坛里看到它的身影。所以，我真的不希望我国的大花黄牡丹也像麋鹿一样遭遇同样的命运。

中国植物分类学家在行动

对植物学家来说，泛喜马拉雅地区的2万多种植物是一个非常宝贵的资源库。大家知道杂交水稻成功的关键是科研人员在海南发现的几株天然雄性不育的野生稻，正是这几株不起眼的"小草"成就了我们的杂交水稻，养活了我国十几亿人。而泛喜马拉雅地区有2万多种植物，说不定哪天，其中几株不起眼的"小草"就可以深刻改变我们的生活。因此，我们必须全面了解这片区域的植物，并对它们进行最好的保护，千万不能等到失去了之后才意识到它们的重要性。

针对这一情况，我国的植物分类学家已经在行动了。由中国主导，英、法、德等国参与的针对泛喜马拉雅地区植物多样性的研究工作正全面推进。由全球百余位植物分类学家联合启动的《泛喜马拉雅植物志》的编研项目也已全面展开。

从2013年到现在，我们已经在泛喜马拉雅地区开展了400多次大大小小的综合性考察和专项考察，采集了9万多份标本，收集了2000多种活体植物，拍摄了10多万张野外的植物照片，还为重点的类群绘制了植物科学画。同时，我们还对泛喜马拉雅地区的植物进行了基因组学的研究，测定它们的全基因组序列……这些工作为我们的植物资源利用及合理的物种保护策略的制定提供了重要的理论基础。

尽管植物分类学家一直在努力保护这群雪域植物精灵，但这不够，还需要全社会每一个人的支持和参与。只有学会与这群植物小精灵和谐共处，我们才能更好地利用大自然的馈赠。

思考一下：

1. 研究泛喜马拉雅地区的植物有哪些重要的意义呢？
2. 面对极端寒冷的气候，文中的这些雪域精灵都有哪些应对策略？
3. 为了杜绝人们滥采乱挖"雪兔子"，你有什么好的建议？

演讲时间：2020.5
扫一扫，看演讲视频

热闹的葡萄家族

鲁丽敏
中国科学院植物研究所研究员

我的工作内容之一是研究葡萄。

提起葡萄，你的脑海中可能会浮现出这样的问题：什么品种的葡萄最好吃？什么品种的葡萄酿酒最好喝？很遗憾，这个问题很难回答，因为葡萄的品种实在太多了。据统计，目前全世界有超过8000个葡萄品种，其中近2000种可以作为水果直接食用，如我们熟知的"巨峰""维多利亚""美人指"，等等。其他6000多种则用于酿酒，比如著名的"赤霞珠""梅洛""西拉"等。这些品种风味各异，我们显然很难从中选出一个或几个让所有人都满意。虽然我们无法判断哪种葡萄"最"好吃，但我可以负责任地告诉你，酿酒葡萄一般不太好吃。这是因为酿酒葡萄的皮一般比较厚，而且籽大、果肉少、味道相对酸涩，葡萄酒所散发的很多风味正是来自葡萄的果皮。所以，下图第二排的这些葡萄虽然看上去很可口，但我并不推荐大家直接食用。

不同用途的葡萄品种

葡萄科家谱

虽然葡萄品类众多，但它们绝大多数都可以归入一个物种，即原产欧洲和中亚的葡萄（*Vitis vinifera*），而我主要研究的是葡萄科（Vitaceae）的野生物种。事实上，葡萄科是一个大家族，包括约1000个成员。这些成员又可以分为16个属，就像16个小家庭。而葡萄只是葡萄属这个小家庭的75个成员之一，是葡萄科这个大家族的千分之一。

那么，葡萄科究竟是一群什么样的植物呢？由于绝大多数葡萄科植物都有卷须，而且是和叶子对生，所以我们可以根据这一特征对其进行鉴定。大多数的葡萄科植物生长在热带和亚热带地区，下

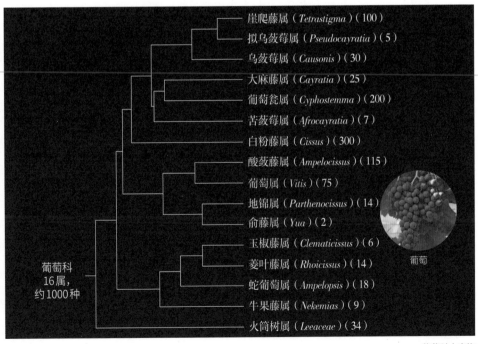

崖爬藤属（*Tetrastigma*）（100）
拟乌蔹莓属（*Pseudocayratia*）（5）
乌蔹莓属（*Causonis*）（30）
大麻藤属（*Cayratia*）（25）
葡萄瓮属（*Cyphostemma*）（200）
苦蔹莓属（*Afrocayratia*）（7）
白粉藤属（*Cissus*）（300）
酸蔹藤属（*Ampelocissus*）（115）
葡萄属（*Vitis*）（75）
地锦属（*Parthenocissus*）（14）
俞藤属（*Yua*）（2）
玉椒藤属（*Clematicissus*）（6）
菱叶藤属（*Rhoicissus*）（14）
蛇葡萄属（*Ampelopsis*）（18）
牛果藤属（*Nekemias*）（9）
火筒树属（*Leeaceae*）（34）

葡萄科16属，约1000种

葡萄

葡萄科大家族

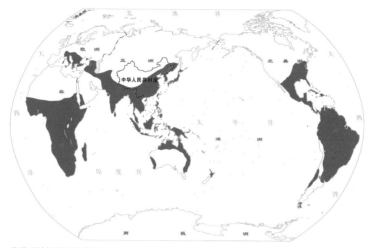

葡萄科植物的分布范围

页上图中的红色部分，代表了它们的分布范围，这些地区遍布了人类探索的足迹。科学家需要先把这些野生的葡萄科植物从世界各地采集回来，然后再对它们进行研究。

　　说到这里，你可能会问：除了葡萄，其他葡萄科植物的果实能不能吃、好不好吃，以及怎么吃呢？总的来说，葡萄属的70多个物种都可以吃，但好吃与否就因人而异了。例如，山葡萄果实富含多种营养成分，是美味的山间野果，但也有人在亲口品尝后，给它

山葡萄（*Vitis amurensis*）的果实

乌蔹莓属（*Causonis*）植物的果实

的评价是"极其难吃"。

但葡萄科其他属植物的果实就不一定了。例如在云南，一些当地人会吃乌蔹莓属植物的果实。他们说这种果子是酸甜口味的，但不能多吃，否则会拉肚子。

非洲没有原产的葡萄属物种，当地人会食用葡萄科葡萄瓮属植物结出的"毛茸"果实，吃后似乎也没什么副作用。

下图中这些漂亮的粉色小果是葡萄科大麻藤属植物的果实，看上去是不是很有食欲？如果你没抵挡住诱惑，我相信你一定会后悔的。曾经有一次，我在野外遇到这种小果，才剥了一半，手指就肿了。同行的另一位老师更大胆，她尝了一口，舌头瞬间被麻痹，很长时间都没恢复味觉。所以，如果我们在野外见到这种陌生的果子，在专业人员确认安全之前，千万要当心，切勿乱食。

虽然大部分葡萄科植物的果实对我们人类来说并不好吃，甚至有毒，但对鸟类来说却是美味佳肴。我们都知道，鸟类的视力特别好，但味觉很差，而葡萄科植物鲜艳漂亮的果实，似乎就是专门为这种视觉犀利、味觉迟钝的动物量身定制的。它们之间的关系是互利互惠的，果实让鸟儿果腹，而鸟儿吃了果实后，则能帮助植物传播种子。

葡萄瓮属（*Cyphostemma*）植物的果实

大麻藤属（*Cayratia*）植物的果实

在我们身边，除了葡萄，还有另外一些随处可见的植物也属于葡萄科，如爬山虎属（*Parthenocissus*）植物。除了具有绿化功能，爬山虎属植物还是著名的红叶植物，其叶子在秋天会变红，远远看去非常漂亮，所以它们还被称为"地锦"。

古北水镇爬山虎秋季景观

爬山虎卷须顶端的吸盘

鸟类取食爬山虎的果实

如果你仔细观察爬山虎，就会发现它们的卷须顶端常生有吸盘。千万不要小看这些吸盘，科学研究发现，每一个吸盘的附着力可达10牛顿，相当于两瓶500毫升矿泉水产生的重力。正是得益于这些强大的吸盘，一株拇指粗细的爬山虎就能爬满并牢牢抓住几百平方米的垂直墙面。在寒冷的冬季，爬山虎还是鸟类的重要食物来源，我们经常能看到各种鸟儿争抢爬山虎果实的场面。

"食人花"的低调寄主

大花草属植物属于大花草科（Rafflesiaceae），拥有世界上最大的花，直径可超过1米，曾一度被误传为食人花。它们也是著名的寄生植物，终生只长一朵花，没有根、茎、叶，也不能进行光合作用。虽然大花草不属于葡萄科，但它和亲戚们却只能寄生在葡萄科崖爬藤属植物上。崖爬藤属植物虽然样貌平平，却深得大花草科植物青睐。它们之间分工明确，一个负责"貌美如花"，一个负责"赚钱养家"。

尽管大花草科有40多个物种，但我国只有一种，名叫寄生花，它寄生在扁担藤和其他崖爬藤属植物的根上。过去，研究人员一度认为它在我国境内消失了，但前些年又在云南惊喜地发现了它的踪迹。于是，科学家就用最新的全基因组测序方法对它进行了研究，结果发现寄生花确实很懒，竟然丢掉了自己将近一半的

大花草属（*Rafflesia*）植物

崖爬藤属（*Tetrastigma*）植物

基因，这些基因主要是用来控制光合作用和根、叶发育的。同时，科学家还发现它从寄主那里借了一些基因，以发挥防御和应激作用。

但是，这么漂亮的"小仙女"怎么就看上了其貌不扬的崖爬藤属呢？崖爬藤属难道仅仅因为它们长得好看，就心甘情愿地供养它们？这个问题涉及它们之间共生关系的演化和机制，目前还没有答案，有待科学家们进一步探究。

未来科学 ⊕ · 植物篇

寄生花（*Sapria himalayana*）　　寄主扁担藤（*Tetrastigma planicaule*）

奇异的"外星"植物

　　讲到这里，你可能对葡萄科植物有了一个基本的了解：藤本植物，可以爬得很高。但接下来出场的这位可能要颠覆你的认知了。众所周知，在世界各地的干旱地区，各种生物都进化出了强大的耐旱能力，而葡萄科植物也不例外。

　　下页图中的植物生活在马达加斯加的石灰岩山地，当地虽然降雨量并不小，但土壤的保水能力极差，它们为了适应这种环境，进化出了像水瓮一样的树干。我第一次看到这种植物的时候，也被它的长相所震惊，奇特的树干上面长着像八爪鱼一样的触须，张牙舞爪的样子就像是外星物种。仔细一看才发现，它的卷须和叶子是对生的，开着哑铃形的花，原来它也属于葡萄科，是葡萄科葡萄瓮属的一种植物。

马达加斯加石灰岩山地的葡萄瓮属植物

葡萄瓮属植物的枝、叶和花

　　正是其独特的外观，使很多葡萄瓮属植物成为多肉爱好者疯狂收集的对象。非洲当地人近水楼台先得月，自然也不肯放过这一商机，竞相把它们从野外挖回来，栽种到自己的房前屋后来装饰庭院，遇到合适的机会转手一卖就能获得一大笔钱。正是因为这样的滥采滥挖，现在很多葡萄瓮属植物在野外已经很难看到了。

马达加斯加居民房前屋后栽种的葡萄瓮属植物

艰辛的采集之路

为了收集更多葡萄科植物样本，我们时常需要在野外驻扎。在这一过程中，与各种小动物打交道就成了司空见惯的事，比如蛇和蚂蟥。这两种东西让人又爱又怕，爱是因为它们的出现往往预示着这里的生境比较原始，有可能采到一些罕见的物种；怕是因为它们神出鬼没，尤其是在一些荒无人烟的深山老林，被毒蛇咬伤真的是一件非常危险的事。

除此之外，我们在采集葡萄样本时，还会经常遭遇各种昆虫的偷袭，有些昆虫似乎非常偏爱葡萄科植物，我们推测可能是为了吸食花蜜。我曾经在印度尼西亚被红蚂蚁咬过，在澳大利亚又被绿蚂蚁咬过。我们可以通过穿长衣长裤、打绑腿、着长靴这些方式来防蛇和蚂蟥，但昆虫却是无孔不入、防不胜防。很多昆虫还有一定的毒性，被叮咬后轻则痛痒数天至数月，重则危及生命。

采集葡萄样本面临的另一个难题是，够不着。我们知道，葡萄

野外邂逅的小动物

科植物主要分布在热带和亚热带，很多都是攀缘植物，为了争取更多阳光，它们往往会爬到高高的树顶。很多时候即便是借助摘果子的高枝剪，也还是够不着。在这种情况下，就要开动脑筋、就地取材了，上车顶、叠罗汉、投石索、爬树等方法我们都用过，不达目的，誓不罢休。

看到这里，你可能会问，你们为什么非要吊死在一棵藤上呢？

采葡萄的"十八般武艺"

这棵够不着就去找能够得着的呀！这是因为不同地方的葡萄科植物常常是不同的物种，错过了这个"村"，很有可能就再也没这个"店"了。

经过一天的辛苦采集，回到住处，是不是就可以休息了呢？不，还差得远，下一个重要的任务是压制标本。制作标本一般是流程化作业，一个人负责整理采回来的植物，把它们压到吸水性能较好的草纸或报纸中间；另一个人鉴定物种并记录采集信息；还有人负责从标本中取出部分叶片材料，放到装满硅胶的密封袋中，以备后续实验之用。通常为了提高效率、节约经费，我们会把采集日程安排得很满，其结果是白天采得越多，晚上就工作得越晚，熬到后半夜，那都是司空见惯的事。

标本制作好后，还需要用瓦楞纸把它们夹起来烘干。直到现在，我们有时还会到尚未通电的落后地区进行科学考察和采集，这种情况就只能用火烤干标本了，其间还要忍受丛林里的各种蚊虫的叮咬。

没电时用火烤干标本

历尽千辛万苦采集制作的标本和样品有什么用呢？并不仅仅是把它们放在标本馆展览那么简单，而是要用电子显微镜观察它们的形态变异，然后对其分子材料进行DNA测序。通过比对它们的DNA序列，就可以判断这些葡萄科植物之间的亲缘关系。例如，前文提到的那些属，每一个属下面都有很多物种。一般来讲，同属物种的DNA序列相近，通过一定的分析方法可以绘制成树状的拓扑图，同属物种代表的分枝大多会聚在一起。如果某些物种跑了出去，形态又特别独特，我们通常会将它们认定为新的类群。近几年，葡萄科已经分出了四个新属。

厘清它们之间的亲缘关系后，我们可以利用世界各地发现的化石信息和当前的类群分布信息来重建它们的演化和迁徙历史。例如，我们通过研究发现，葡萄科崖爬藤属可能起源于始新世的亚洲大陆，之后分别迁徙到了印度和澳大利亚。

如果运气足够好，我们还能在野外遇到一些惊喜。2014年，我们团队和云南德宏州林草局的老师在当地的山林里开展合作科考

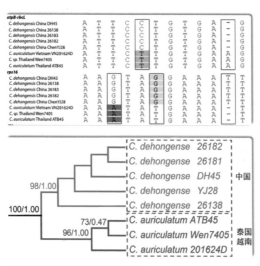

DNA 序列比对和树状拓扑结构示意

阿斯塔纳　　　乌兰巴托

亚　　　　　洲

北京

中华人民共和国

新德里

A

B

马尼拉

C

D

雅加达

大

堪培拉

印　度　洋

东京

葡萄科崖爬藤属的生物地理迁徙图

时，我随手抓了一把藤子，当时还以为是葡萄科崖爬藤属植物，但后来进行DNA测序后，分子结果却显示它跟葡萄瓮属植物聚在了一起。而葡萄瓮属植物大多数分布在非洲，在我国从来没有记录。

这可能是中国的一个新记录属！想到这一点，大家都很激动，这可是个大发现。但是仅凭这些证据远远不够，还需要有扎实的形态研究、分布范围及其他相关信息来支撑。为此，我们历时3年多，前后进行了10余次实地考察，经过多次拍照和取样，才掌握了它的全部花果信息（还发现了4个自然居群），2017年才将这一发现正式发表出来。

葡萄瓮属在我国的新记录——德宏葡萄瓮（*Cyphostemma dehongense*）

研究葡萄科的意义

　　可能有人会说，这些工作太基础了，有什么应用价值吗？当然
有。这里举两个简单的例子。一个例子是康科德葡萄——美国重要
的酿酒品种之一。康科德葡萄是100多年前美国一个庄园主用欧洲
的经济葡萄跟当地葡萄杂交而来的，因为时间久远，它的父母本信
息已经无从考证。不过，我们拥有葡萄属所有的物种信息，通过分
子溯源的方法就可以找到它的父母本，并还原其杂交过程。根据这
些结果，葡萄酒公司就可以顺藤摸瓜，根据其父母本的优缺点，对

这个品种进行针对性的改良，从而提高酿酒品质。

另一个例子就发生在我们身边。近年来，我国的葡萄产业突飞猛进，葡萄种植面积已达世界第一，但以鲜食品种为主，酿酒品种占比较小。目前，我国仍是四大葡萄酒进口国之一，每年需要花很多钱从其他国家进口葡萄酒。这是为什么呢？除历史和文化因素外，另一个重要原因就是我国气候并不适合种植葡萄：南方雨水多，葡萄容易生病；而北方又太冷，葡萄过不了冬，种植成本非常高。怎么办呢？

过去在我国北方种葡萄，每年在冬天到来之前，都要把葡萄藤埋到土里面，等春天到了再把它们挖出来。这种种植方式很辛苦，需要耗费大量人力、物力，结出的果实品质也没有保障。中国科学院植物研究所有一个致力于葡萄品种改良的科研团队，他们经过多年攻关，用优质的葡萄品种和极其耐寒的野生山葡萄进行杂交，终于培育出了"北玫"和"北红"等一系列新品种，品质好又抗冻，一举解决了上述问题。

下页图中是一个实验基地，我们可以看到，地面上覆盖着一层

利用野生葡萄资源培育出的高抗新品种

积雪，地里的葡萄藤却不需要埋到土里也能过冬了。这些新品种的培育，在保证葡萄品质的前提下大大降低了生产成本，对我国葡萄酒产业具有重要的应用价值。

我国拥有重要的葡萄种质资源，目前已发现150多个葡萄科物

中国科学院植物研究所葡萄资源圃——新品种不用埋条也能过冬

种，其中有将近40个属于葡萄属。这些物种都有可能用来杂交或做砧木，以改善现有葡萄品种的品质。如果能保存和利用好这些资源，我国的葡萄和葡萄酒产业未来将不可限量。

这里说一个题外话。可能很多人对科学家都有一个刻板印象，认为他们就是一群埋头苦干的书呆子。其实不然。例如，我们非常熟悉的达尔文就是一个非常浪漫的人，他在《物种起源》里给我们描绘了一幅美丽的蓝图。他认为，所有的物种都有一个共同的祖先，它们之间的关系画到图上就好像一棵生命之树，每一个物种都能在这棵树上找到自己的位置。

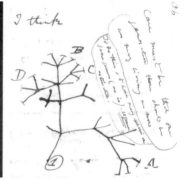

达尔文和《物种起源》手稿中的"生命之树"草图

作为一名葡萄分类学者，我也希望有一天能把所有的葡萄科物种绘成一棵生命之树。这就像一个拼图游戏，我们整个葡萄研究团队用了20多年的时间，只拼出了树干和500多个物种。那么，剩下的一半物种在哪里？它们在树上处于什么位置？它们又是如何演化与迁徙的？这些都是我们下一步需要解决的问题。

演讲时间：2021.3
扫一扫，看演讲视频

思考一下：

1. 目前，全世界大约有多少葡萄品种？它们可以分为哪两大类？

2. 葡萄科大约有多少物种？它们最主要的鉴别特征是什么？

3. 文中介绍的葡萄科分类的应用有哪些？

苔藓秘境

张力
深圳市中国科学院仙湖植物园研究员

大家对苔藓植物有多少了解？其实它是植物界的第二大类群，种类之繁盛仅次于被子植物。在中国，它大约有3300种。

我研究了30多年苔藓，发现了很多有趣的苔藓种类，下面就为大家介绍其中的一些。

香港网藓（1999年）

艰难而有趣的寻踪之路

首先是我学术生涯中发现的第一个新种——香港网藓。上图这张照片展示了它在野外的生长状态。因为苔藓比较小，所以如果我们要研究它的科属与来龙去脉，必须借助显微镜。

拟短月藓的发现就更有意思了，因为我们让它"死而复生"了。在《中国高等植物红色名录》中，拟短月藓曾被正式宣布为中国苔藓植物里唯一野外灭绝的种类。幸运的是，2012年夏天，在西藏亚

拟短月藓（2015 年）

兜叶小黄藓（2014 年）

东县的一次野外考察中，我们发现了一株很像它的苔藓。当时并不能完全确认，于是我们将标本带回了实验室。经过两年多的研究，最终才确认它就是拟短月藓。

兜叶小黄藓是2014年在西藏墨脱发现的，非常稀有，它的原产地在云南的西北部、西藏的东南部，分布范围非常小。右上图是这个物种首次在野外被拍摄到。

由于我们的工作重心是苔藓分类学研究，而这些标本又大都来自受人为干扰比较少的野外，所以我们经常会到比较偏僻的地方。这些年，我们在野外遇到了很多危险的事情，比如挨饿、摔跤、迷路、被蚂蟥叮咬，等等。但也看到了很多美景，采集到很多标本。粗略一算，过去30多年，我们走过了除南、北极外的六大洲，足迹遍及我国的多个省份，采集了2万多份标本。

其实很多珍稀的研究材料和标本，不一定是来自野外或者偏远的地方，我们在城市周边也发现了很多宝贝。像在澳门，有一次我们去九澳湿地，想去采集一个名叫齿叶凤尾藓的苔藓。齿叶凤尾藓的植物体很小，只有两三毫米高，非常美丽。当时我们在野外采集了一份标本，觉得像齿叶凤尾藓，但又不确定它是不是，就把标本带回了实验室，并在显微镜下对它进行观察。经过仔细、全面的研究，结果令人意外：这个标本不是齿叶凤尾藓，而且我们找不到任

澳门凤尾藓

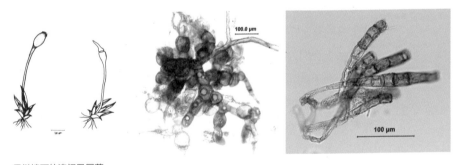

显微镜下的澳门凤尾藓

何一种与它一样的已知物种，这说明它是一个新物种。

由于这个新种是在澳门发现的，所以我们把它命名为"澳门凤尾藓"。至今，它仍是唯一一个以澳门命名的苔藓植物。澳门凤尾藓只生长在空间非常狭小的地方，后来我们在野外很少再遇到过。也正是因为它很稀有，随时有灭绝的风险，所以我们在实验室里进行培育。我们希望它能在实验室长出幼苗，然后再把幼苗放归野外，避免该物种灭绝。

不毛之地的拓荒者

可能有人会问，你研究了这么多年苔藓，究竟有什么意义呢？在城市里，我们经常会看到下图中的景象：一堵墙上除了苔藓别无他物。我们也会发现一些生长在石壁缝隙里的苔藓，在雨后不久，原本看似枯萎的苔藓很快就恢复了生机勃勃的状态。

在混凝土壁这样的环境下，由于没有土壤，水分也很难保留，所以其他植物或者小动物都无法生存。苔藓往往会成为此处的第一批定居者，因此它们也被称为"先锋植物"或者"拓荒者"。苔藓来到这样的地方后会逐渐生长，老的植物体将变成有机物和养分。它会改良环境，吸引植物或者小动物迁徙进来，让生态变得越来越丰富。

苔藓是拓荒者，也是最早登陆的植物。5亿年前，地球上的生

石头缝隙里的苔藓

物都生活在水里，因此当时陆地荒芜、了无生机。自那时起，苔藓逐渐从水里向陆地上繁衍，然后不断扩展到内陆。随着时间的推移，地球的面貌也逐步发生改变，陆地从原来的荒芜变得生机勃勃，衍生出各种各样的生物，包括人类。

本领高强的苔藓

既然苔藓能够担当先锋者或者拓荒者的角色，它们必然有"过人之处"。那么，它们有哪些特性呢？

首先，苔藓的结构简单，缺少维管组织，个体很小，一般都是以厘米甚至毫米计的。如果苔藓有二三十厘米高，就已经算很大了。正是因为苔藓的个体小，所以它只需要很小的空间、很少的水分和养分就能生存。

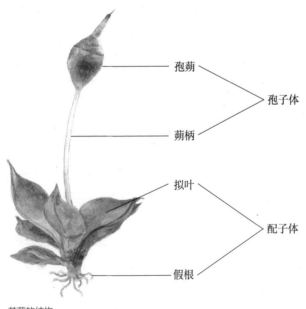

孢蒴

孢子体

蒴柄

拟叶

配子体

假根

苔藓的结构

苔藓用孢子来繁殖

　　其次，苔藓不会开花结果，它是用孢子来繁殖的。孢子的特性就是数量很多，只要有1%甚至比这小的比例，其萌发数目就很可观。

　　最后，苔藓是变水性植物。变水性指的是苔藓身体里的水分含量会随着环境的变化而变化。例如，广东的冬季比较干燥，降雨很少，但在六七月，湿度很大。那么在干燥的时节，苔藓身体内的水

毛尖紫萼藓——高山（或极地）

短喙芦荟藓——戈壁

分会逐渐减少。如果环境持续干旱，它就会进入休眠的状态，但不会死掉。等到雨季有水分的时候，它会很快恢复生机。这是苔藓最重要的特性，也是它们得以承担拓荒者角色的因素之一。

苔藓的生存能力极强，它们能在大部分植物都不能生存的苛刻环境里生存，包括两极和高山。它们的生存策略包括：第一，一般长得比较矮小，这样可以防止被狂风吹倒；第二，通常是很多植株抱团生长，这样可以减少水分的流失；第三，有些苔藓的叶子尖端是白色的，如果阳光强烈，白色的叶子就可以把多余的阳光反射出去（这是一个很聪明的策略）；第四，如果生长在戈壁滩上，苔藓就会长成多肉的样子，这意味着它的保水能力会变强。

苔藓的生命力究竟有多强？这里有一个案例。几年前，英国科学家采用钻探采样的方法，在南极海岸的永久冻土层（土表以下1.4米）采集了一些苔藓样品。经测定，这些样品在地下埋藏了至少1530年。它们被拿到实验室进行解冻、培养，一个多月后，科学家发现这些苔藓居然复活了，并长成新的植物体，这种苔藓便叫作针

针叶离齿藓（拍摄于智利南部）

未来科学 ✛ 植物篇

叶离齿藓。虽然它们长期被埋藏在黑暗、寒冷、缺水的恶劣环境中，但依然能成活，可见苔藓的生命力远超人们的想象。

　　除了生存外，物种还要繁衍下一代才能延续下去。苔藓的雌雄异株的比例超过60%，远比被子植物高，加上不少苔藓生长在干旱的地方，水分也难以保证。如果要通过有性繁殖的方式繁衍下一代，这是非常大的挑战。但不用担心，经过亿万年的演化，它们有着非常多样化的无性繁殖方式，即通过我们常说的"克隆"，繁衍出和母体一模一样的东西。正是因为克隆方式的存在，即便苔藓未遇到异性植株，它们依然能生生不息。

不起眼的大作用

　　虽然苔藓很不起眼，但它们聚在一起时所产生的生态功能不容小觑。左下图这张照片拍摄于四川北部，展示的是高山杜鹃林下的苔藓群落。那里的苔藓长得很茂盛。在雨季，水分会被苔藓截留下来。而到旱季，它们再把水分缓慢地释放出去。这就形成了"风调雨顺"的小气候。还有贵州南部的泥炭藓沼泽地，也有类似的功能。

高山杜鹃林下的苔藓群落

泥炭藓

泥炭藓有一个世界之最——世界上吸水量最高的植物，吸水量可达自身干重的10～25倍，保水能力非常强。所以，如果一座山上有泥炭藓沼泽，就相当于有了一座小水库。正是因为泥炭藓有着超强的吸水能力，在第一次世界大战的时候，由于战争激烈，药棉短缺，泥炭藓曾作为药棉替代品，用来包扎伤口。它也曾被用作卫生巾和婴儿尿不湿的原材料。现在泥炭藓主要用于栽种花木，特别是高端的花木，如兰花。

　　苔藓也是某些生境中重要的组成部分，会参与一些自然景观的形成，比如在美丽的九寨沟，苔藓就担当了重要角色。它还为一些小动物提供了栖息的场所和食物。对人类来说，苔藓与我们的环境和生活息息有关。一些生物技术公司把苔藓作为原材料，培养或者提取有用的化学物质，用于生产药物。此外，苔藓也可以监测环境污染。

　　近年来，越来越多的人被苔藓的这种低调美吸引。它们在园林园艺上的使用也越来越广泛，包括小的生态瓶、花艺和苔藓墙等。

深圳市仙湖植物园幽苔园一角

还有一些地区会建造苔藓园，或将苔藓作为城市景观。

保护植物王国的"小矮人"

既然市场对苔藓有需求，就需要有苔藓的供给，而这也导致了一些问题。例如，我们在市场上见到的很多苔藓，有不少是从野外直接采挖的。这种做法既破坏了环境，也对资源造成了浪费。

除了园林园艺方面的需求导致的野生苔藓被破坏外，苔藓面临的威胁与其他生物差不多，包括生态环境的破坏和全球变暖。从20世纪中叶开始，人类正以前所未有的速度破坏和影响着地球，这种影响甚至超越了自然的力量。生物多样性的丧失也变成了人类面临的最大问题之一，这关系到人类的生存。因此，苔藓需要得到保护。

浙江景宁县毛垟乡的苔藓人工种植

一些地方已经有人采用人工方式培育苔藓，这是值得鼓励的做法。这样做既可以带来商业效益，也可以把对苔藓生态的影响减到最低，从而保护环境。

值得欣慰的是，2021年9月，我国颁布了最新版《国家重点保护野生植物名录》，首次将5种苔藓植物列入重点保护植物名录。我国有大概3300种苔藓，列入名单的仅占总数的万分之十五，这个比例是很低的。但这也是从0到1的变化，保护苔藓终于有了法律依据。

最后，希望大家在野外的时候，能多多了解、关注和保护这个美丽、神奇但被我们忽视的苔藓世界。

思考一下：

1. 苔藓植物的生存策略有哪些？

2. 由于市场上苔藓供不应求导致的野生苔藓被采挖的现象，你有什么好的建议来保护植物王国的这些"小矮人"？

3. 泥炭藓是我们地球上吸水能力最强的植物，它们对我们的生态环境健康运转有哪些重要作用？

演讲时间：2021.12

扫一扫，看演讲视频

尘封在树轮中的"记忆"

张齐兵
中国科学院植物研究所研究员

为什么要研究树木年轮？

　　大家看看上页这张图像不像太阳系？中心位置是太阳，外面一圈一圈分别是水星、金星、地球和火星等星球的轨道。事实上，这是树干的横截面。但是细细一想，我们研究树木年轮不也是为了探

使用生长锥采样、采集的树芯

固定打磨后年轮清晰的树芯

索大自然的运行规律和特征吗？

其实两者是相通的，说起大树的记忆，我们可能首先想到的是人脑的记忆。人脑的记忆是有限的，并且有些记忆会随着时间慢慢变模糊。而大树不但有记忆，而且它一旦尘封在树木年轮里面之后就不会发生变化了，记得非常牢固。

树木年轮学者的主要工作就是探究大树年轮里面记载了什么。而要研究大树年轮，第一步就是采集样本，有了样本才能看它里面有什么。有人可能会问，我们是不是需要砍大树？答案是不用。在野外，我们只需借助一个名叫"生长锥"的工具就可以获得样本。

生长锥有长有短，也方便携带。这种工具主要是用来钻树的，打开后里面有一个空心钻，对着大树钻进去，再用一个长长的掏匙把树芯取出来。掏匙前面有"牙齿"，会牢牢地咬住树芯，然后用手一反转，树芯就被采集出来了。将树芯样本带回实验室固定在木槽上，用砂纸对其进行抛光，上面的年轮就会清晰地显示出来。有人觉得我们像是做木匠活儿，也有人觉得我们只是数圈圈。其实，我们做的远不止这些，而且还挺有趣的。

最早注意到树木年轮的是达·芬奇，他是世界上第一个描述树木年轮的人。真正创建树木年轮学学科的是美国天文学家安德鲁·埃利科特·道格拉斯，他在20世纪初发现了树木年轮与太阳黑子之间的相关性，并创立了交叉定年的方法来精准确定每个树轮的形成年份。

于2007年获得诺贝尔和平奖的国际组织——联合国政府间气候变化专门委员会，对气候变化科学知识的现状进行归纳，也就气候变化对社会、经济的潜

达·芬奇

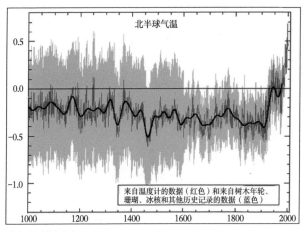

北半球气温

来自温度计的数据（红色）和来自树木年轮、
珊瑚、冰核和其他历史记录的数据（蓝色）

北半球气温变化表

在影响，以及如何适应和减缓气候变化的可能对策进行评估。上图是他们绘制的一张关于过去1000年的北半球气温变化表。

大家都说如今全球气候变暖了，但做出这个判断的根据是什么呢？答案就是上图中的数据，而这些数据有多半来自树木年轮：在对温度敏感的千年树木年轮进行了仔细分析后，科学家发现近100年来的树轮突然比预期有变宽的趋势，这表明地球气温升高了。如果没有树木年轮、冰芯和珊瑚这些古气候代用资料，我们根本无法认识全球气候变暖的过程，因为气象站建立的历史很短——图中的红色线就是气象站提供的数据，这些数据无法提供更早时期的气候景象。但是这里存在一个问题，即联合国政府间气候变化专门委员会的树木年轮数据几乎没有来自我国的。这主要是因为我国的树木年轮研究起步较晚，从20世纪70年代才开始，而国外在20世纪初就开始了。

有大树才有数据

在巨柏王公园采集样本

找大树是开展研究的第一步，有大树才有数据，问题是大树都在什么地方？这就成了关键。上面的照片拍摄于西藏林芝地区的巨柏王公园。我们当时看到图中这些大树时非常激动。大树的牌子上写着这棵树有2500多年的树龄，我们瞬间觉得有了希望，居然有这么长的历史数据。但是我们高兴得太早了，领我们去的向导说："这么珍贵的树哪能让你们随便钻个洞？这是不允许的。"幸运的是，这棵树的旁边有一棵倒下的粗树，可以钻洞取样。于是我们用生长锥钻进树干获得了一条长62厘米的树芯。我们回来测量了树芯上的树木年轮，发现树芯上只有533个年轮。

除了公园里的大树，野外的山上也有很多大树。下页这张照片拍摄于西藏丁青县，是我们爬到海拔4300米的山顶拍到的。根据采回的样本，我们发现这棵树的树龄超过1000年，真是令人震惊！尽管我们已经看到了树龄2500年的大树，但还想找到更古老的，目前国际上已经有1万年的树木年轮序列，1万年是怎么来的呢？

拍摄于西藏丁青县

　　首先得找更老的树，更老的树有多少年呢？ 2000年、4000年，还是6000年？ 6000年说明我们的想象力太丰富了，4000年是有可能的。现在最老的树有4900年的树龄，位于美国西部内华达州惠勒峰山区。如何判定它是最老的？因为采集到了树轮样本，一圈圈数下来，它是公开报道中年轮数最多的树。更古老的树也可能存在，但目前还没有证据，只是估计或传说。国际上已经有1万年的树木年轮序列，这么长的序列是怎么得来的呢？其实是利用了已经死去的树，比如某棵树4000年前就死了，如果那棵树本身有4000年树龄，还能与现在活树的树木年轮接起来，那么树轮序列的时间就延长了。

　　此外，在很多古代遗存和墓葬里也能发现古树的踪迹。对页图中是青海省海西蒙古族藏族自治州都兰县热水乡的一个古墓群。通过古墓洞口下去，人们发现金银财宝之类的已经被盗墓者偷去，剩下的是很多大木头。盗墓者不知道的是，里面的木头才是真正的"珍宝"。

未来科学 ✚ ·植物篇

古墓中比金银还珍贵的古木

鉴别死树中年轮形成年份的方法

有了古墓、古建筑、湖底埋藏木等过去时期的死树材料，我们怎么知道它们的年代呢？这就需要用到树木年轮学专业的"交叉定年"法，比如在古材料的同一地区有足够老的活树，只要其生长早期与过去死树有共同的生长期，那么它们的年轮在共同经历的极端气候年就有相似的特征。通过比较活树和死树的树轮宽窄变化，就能把它们所处共同年代的树轮一一对应，从而彼此衔接起来。由于活树年轮的最外侧一轮对应的就是我们知道的样本采集当年，按照年轮一圈圈数回去，过去死树所生长的年代也就知道了。这就是"交叉定年"。

此外，"交叉定年"还有一个作用，就是鉴别伪年轮和缺失年轮。伪年轮是什么？比如有的树，你数出了100圈，但实际上它只有98年，多出来的2圈就是伪年轮。这2圈是怎么回事？其实是树对气候环境变化敏感的表现，如夏季突然来了一股寒流，树以为冬天来了，就多长了一圈，实际上它被骗了。还有的树有98年，数下来却只有96个年轮，相差的那两年哪儿去了？这就是丢失年轮，是由于树在那两年病了，干脆就不长了，心想："你们长去吧，我

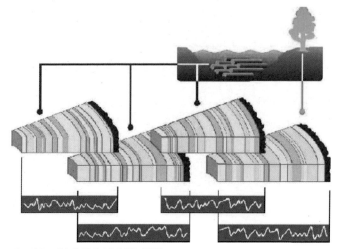
利用"交叉定年"法来延长树轮时间线

不长了，我要养病。"

年轮是一本记录环境变化的"档案书"

通过"交叉定年"法，我们能准确地知道每个年轮是哪一年形成的，没有正负误差。每个年轮都能给出准确年份，相当于一本记录过去环境变化的"档案书"。这本书的每一页就是一个年轮，上面记录着那一年的大量信息，包括日晒、降雨、土壤条件及虫害、火灾等。而我们的工作就是"翻译"这些信息。

有的情况比较容易判断，比如年轮中的"火疤"，这是森林着火造成的，但火灾过后就安全了，因为后面年份生长的年轮就将"火疤"包起来了。所以只要看到这种"火疤"形状，就知道那一年发生了火灾。对页上图中的这棵树是东北的红松，上面有两个火疤，一次形成于1923年，另一次形成于1892年。它的生命真的够顽强，经历了两次火灾还活着。不幸的是，后来不知道什

树轮中的火疤

么原因它被砍了。

　　通过对古树年轮的采样，再结合"交叉定年"法，我们就把地上的活树和古墓中圆木的年轮信息串联在了一起，并建立了过去两千年的一个树轮时间序列。根据这个时间序列，我们就可以翻开里面的记忆看它讲了些什么。比方说，翻到1815年、1816年、1817年的时候，我们发现这三年的年轮宽度是窄的，为什么会变窄呢？很可能是印尼的坦博拉火山喷发造成的。这次火山爆发的威力非常大，火山灰飘散到地球高空，不单单对火山喷发地的植被产生影响，对青藏高原的树木也产生了影响，所以这三年树木的年轮宽度非常窄。

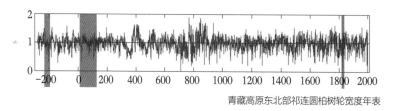

青藏高原东北部祁连圆柏树轮宽度年表

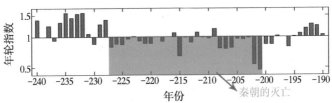

顺着时间轨道往前，到东汉时期（25—220年），史书上记载这一时期蝗虫暴发较为频繁。为什么会暴发蝗虫呢？跟气候有关系吗？由于那时还没有气象站观测，根据树木年轮，我们发现这段时间气候是干旱的，这意味着干旱和蝗虫暴发之间可能存在一定的因果关系，这正是树木年轮能提供的气候背景数据。

我们再把目光往前移，进入秦朝（公元前221—前207年）即将衰亡的时候。秦国的灭亡，史书上说是因为秦始皇焚书坑儒，施行暴政。但从树木年轮透露的信息来看，可能还有气候的原因。我们发现在秦始皇统一六国、建立秦朝之前，所有的树都长得好好的。但到了秦末那段时间，树木的年轮大都变窄了，说明气候条件变恶劣了，如果这种气候导致农作物减产，秦国老百姓的日子能好过吗？所以在公元前209年，陈胜、吴广揭竿起义。公元前207年，起义军攻占咸阳，秦朝灭亡了。

揭开更多年轮之秘

经过了更多树木年轮学专家的辛苦研究，我国已经有了长达 3500 年的有效年轮信息，建立了庞大的树轮数据库，并且有望把时间再往前推进1000年。而且研究人员发现在祁连圆柏的树木年轮中，不仅包含了降水的信号，还包括了温度等其他信号。

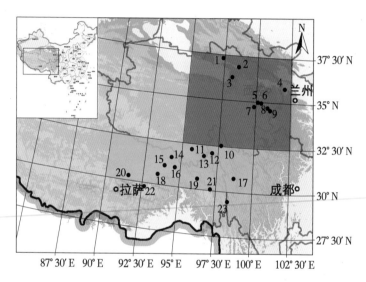

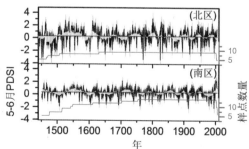

树木年轮信息为气候的时空变化提供佐证

这些年轮数据正在帮助我们揭开更多隐藏在历史中的秘密，比如我们研究发现影响青藏高原的两个气候系统——北面的西风环流和南边的南亚季风，会时不时"打架"（有时候北面的往南入侵了，有时候南面的往北面挺进了）。树木年轮数据显示有两个特殊时期，北面的气候特别干燥，南面则很湿润。这种局面是如何形成的呢？我们的发现为研究大气环流的人士提供了历史气候的数据佐证。

　　除了水平方向上的考察研究，我们还在纵向上走，攀高山、爬林线。我们爬到过北半球最高的林线，海拔有4900米。所谓"林线"，就是树木长到这个海拔高度后就不再向更高处安营扎寨了。按照当前理论，林线的形成是受温度制约的，从林线再往高处走，温度就降得比较低了，树就不生长了。然而，我们后来发现采集到的树轮样本有年龄450年的，也就是这棵树在450年前就到了现在林线这个位置，那时温度相当低，正值小冰期。但是随着后来温度升高，

青藏高原的林线

　　　　　　　　　　　　　　　　　　未来科学 ➕ 植物篇

树木并没有向更高处迁移。那么，林线的形成是真的仅受温度控制吗？这方面仍有待深入研究。

去野外考察是件既辛苦又开心的事，但我们所做的工作不止以上提到的这些。例如，我们还做了一件很有意思，并且很有意义的事情，那就是我们把拉萨一棵树龄超过800岁的大树的树轮数据，用计算机谱写成了一首"大自然之曲"。这些宽宽窄窄的年轮，每一个都是一个音符，这是真正的大自然之声。

思考一下：

1. 树木年轮是如何帮助科学家了解全球气候变化的？
2. "交叉定年"法是如何帮助确定古迹中木头年代的？
3. 为什么有些树木年轮会出现伪年轮和缺失年轮？

演讲时间：2017.10
扫一扫，看演讲视频

我和食虫植物的故事

高源
国家自然博物馆副研究馆员

与食虫植物结缘

　　我与食虫植物的故事源于小时候的一个噩梦和一部电影，并不美好。那时我看了一本关于地理大发现时期各种怪事的书，记得其中有一段是这样描写的：当地人发现了一种奇怪的植物，这种植物满身血红色的黏液。传说它们会用枝条将人类束缚，然后在半个小时内将其消化掉。所以这些黏液并不是植物自身的，而是人类的血。

传说中的食人树

　　我当时看完这个故事害怕极了。我想我这么胖、这么多肉，要是被捕虫植物抓了，它得多高兴啊，晚上就做了噩梦。没过多久，我又看了《异形奇花》这部电影，对食虫植物就更没什么好印象了。电影里的男主角养了一株植物，原本非常可爱，结果养着养着，突然出现一张大嘴把男主角给吃了。当时我就在想，这世界上真的有食虫植物吗？它们真的能吃人吗？后来我又接触到《植物大战僵尸》游戏，里面有一种能吃人的花——食人花，我对这个问题也就越来越感兴趣了。

什么是食虫植物？

大家往往认为食虫植物不吃虫子就会死，但事实并非如此。它们不仅不会死，还活得相当不错。那么，到底什么是食虫植物呢？文献资料中是这样定义的：食虫植物是一种会捕获并消化动物而获得营养（非能量）的自养型植物。这里有两个关键点：一是又抓又吃，二是自养。

先讲自养。有自养就有异养，如果把食虫植物放到外面100天，不给它虫子吃，它依然活得很好，就说明它是可以自养的。自养从字面意思上讲就是自己养自己，即食虫植物可以通过光合作用产生能量来养活自己（人类是异养生物，需要不同的生物来提供能量）。但是，食虫植物为什么还要抓虫子呢？而且它们不仅抓，还要将虫子消化掉，消化的过程还特别酷。比如捕蝇草，一旦虫子被它的捕虫夹夹住，就会在里面化成脓水，很像《西游记》中金角大王和银角大王那集：他们有一个宝葫芦，当叫某个人的名字时，这个人只要一答应就会被吸进葫芦里去，然后一摇，过一会儿就会化成脓水。

还有一类植物跟它就不太一样，叫作捕虫植物。如果食虫植物

捕虫中的食虫植物

是又抓又吃，那么捕虫植物就是只抓不吃，如花柱草。这种植物非常神奇，它通过花瓣的形状和颜色来吸引虫子，待虫子进入后，它瞬间用花瓣搂住小虫子，将其像球一样揉来揉去。为什么要这么做呢？其实是为了传粉。当花柱草开花时，它会把昆虫抓过来一揉，使其身上沾满花粉，然后再用花瓣上的一个特殊结构把虫子弹飞，这样虫子就能帮它传粉了。

然而，为什么食虫植物是自养的，还一定要吃虫呢？这是因为它们的生活环境太独特了。它们主要生活在酸性的沼泽或石漠化地区。这两种生境都很恶劣，缺乏植物生长所需的各种营养元素，如氮（最重要的元素之一）。尽管氮元素的缺乏并不会导致植物直接死掉，但会使其产生一些营养不良的症状，如矮小、分枝少，看上去特别蔫。因此，为了能在这种环境中更好地生存下去，这些食虫植物演化出了捕虫的技能。这正是大自然进化的传奇：虽然生存环境恶劣，植物却能自力更生。

大家可能还有一个疑问，就是食虫植物只吃虫吗？其实不是的。例如，人们曾在猪笼草里面发现了老鼠，在捕蝇草里面发现了小蛙。由此可见，食虫植物不仅吃昆虫和节肢动物，有时它们还会吃小型的哺乳动物。就像我们以往在科普书中看到的那样，食虫植物约等于食肉植物。

食虫植物多生长于土壤贫瘠，特别是缺少氮素的地区

食虫植物界的"七娃"

　　了解了食虫植物是什么后，我们还要了解它的庞大家族。据了解，全世界有600多种食虫植物，分为七类，与我们熟知的七个葫芦娃有异曲同工之处：从大娃到七娃。

　　大娃是最有名的猪笼草。二娃是瓶子草。三娃是捕蝇草。四娃比较少见，名叫貉藻（又被称为"水中捕蝇草"）。五娃是茅膏菜，

猪笼草　　　　　　　　　　　　　　　　貉藻

瓶子草　　　　　　　　　　　　　　　　茅膏菜

捕蝇草　　　　　　　　　　　　　　　　捕虫堇

　　　　　　　　　　　　　　　　　　　狸藻

全世界的食虫植物分布于10个科约21个属，有630余种

特别漂亮，像小太阳一样，浑身都是黏液，达尔文最喜欢它了。六娃是捕虫堇，也很少见，乍一看像多肉植物，浑身有黏液，且长了很多小毛毛，这些特征都是为了粘昆虫（值得注意的一点是，一般植物的叶片都是往外卷的，比较舒展，但捕虫堇的叶片是往里面卷的，这其实是为了防止虫子逃跑）。最后一类，也就是七娃，最神奇，其中有一种长得像小白兔一样，名叫小白兔狸藻。狸藻之类的植物有陆生的，也有水生的。

在这几类食虫植物中，要数瓶子草最有意思。它种类繁多，造型各异，颜色五彩斑斓，像花瓶一样。这类植物的每一片叶片都是一个捕虫器，里面会分泌一种具有麻醉作用的蜜露（这些蜜露也就是我小时候特别害怕的那种可以消化东西的黏液），一旦昆虫舔食到蜜露，就会晕头转向地栽进去。

随着我对食虫植物研究的不断深入，我开始想亲自养殖它们，然后等跟它们混熟后，"以身试法"——把手指伸进叶片，或者用舌头舔一下蜜露——看看这些黏液到底有没有麻醉作用。在做了大量调查工作并确认它们没有那么大的毒性之后，我用舌尖轻触了一下瓶子草叶片内的溶液，它像蜜露一样甜，但真的会让舌头有一点点麻，千万不要随便尝试。

太阳瓶子草　　　　紫瓶子草　　　　眼镜蛇瓶子草

种类繁多的瓶子草

我与食虫植物的四季

就这样，我与食虫植物的故事开始了。春季是我最痛苦的一个季节，为什么呢？因为春天最累、最忙。其间，我要忙三件事：一是传粉，二是移苗，三是防虫害。

大家都知道，在春天，植物开花后，如果它们想繁殖后代，就得利用好自己的花粉。因为我要做神奇的育种实验，所以要帮助它们传粉，但是这个过程非常辛苦。瓶子草的花期极短，比如说一株瓶子草今天开花了，它的花粉很快就会成熟，然后逐天衰减它的活性。第一天花粉刚出来，第二天花粉的生命力最强，这个时候我就要赶紧帮它授粉，因为到了后面，花粉活性会逐渐减弱，即使授粉成功也不会有什么结果。所以春季时，我天天蹲坐在花丛之间，扒开一朵朵花涂花粉。

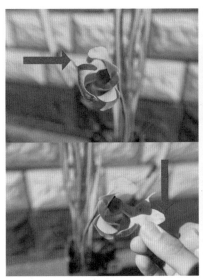

在春天，需要授粉、移苗、防虫害

这个过程要非常精细，为什么呢？因为如上页图所示，瓶子草的花其实是自花传粉比较多，图中膨大的圆球是它的子房，它的花蕊就在这个圆球的上方。那么它的柱头在哪儿呢？见上页左下图，我们可以看到柱头比花瓣长得高，所以通常花粉会掉到花瓣中间内部，柱头根本就沾不着。由于人工养殖无法提供很多蜜蜂帮助传粉，所以我只能自己扒开每一朵花，然后把花粉涂到柱头上面。工作量非常大，而且还要非常小心，因为稍微一使劲，柱头就有可能被损坏，并最终死掉，所以传粉工作是很重要的。

接下来是移苗。春季时，好多小苗都苏醒了，需要将幼苗分开。一个托盘有40株幼苗，我大约需要挪动200个托盘，可见科学研究还是比较辛苦的。

最后是防虫害。虽然食虫植物吃虫子，但它们也怕虫子，这里给大家举两个例子说明。一个是蚜虫，它们能吸食植物的汁液，植物被吸干了也就死了。还有一个是胡蜂，就更厉害了。它们有两

蚜虫

个大颚，是能够咬肉的牙齿，如果不小掉到瓶子草里，它们会拼命挣扎，咬开一个洞，然后从那儿钻出去。据统计，掉进里面的很多胡蜂还没咬出洞就死了，成功逃出的概率并不高，但它们会把植物咬坏。

此外，春季里还有一件令人兴奋的事，就是杂交育种实验：将不同的品种进行杂交，培育出新的品种。2019年，我选用华丽黄瓶子草作为父本，漂亮的粉红短葺毛瓶子草作为母本，培育出了"辰速1号"（该名字源于我对食虫植物的沉迷，以及和我一起探索食虫植物的好友王辰）。当时我把父本的花粉涂抹到母本的柱头上，每天都盯着它们看。次年，我发现实验成功了，因为出现了小苗。只经过两年的生长期，它们就长这么大了，这令我兴奋不已。但是如果再往下面杂交，就要等4年。因为4年后它们才能长高，花粉才具有活性，才能继续做杂交实验。

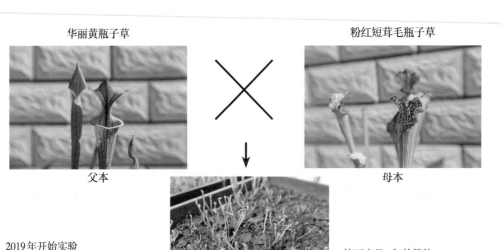

华丽黄瓶子草　　　　　　　　　　　　　　粉红短葺毛瓶子草

父本　　　　　　　　　　　　　　　　　　母本

2019年开始实验
2020—2021年出现后代"辰速1号"　　　　　　　　　　接下来是4年的等待……

有趣的杂交育种实验

大家仔细看会发现，上页下图中的小苗有的发红，有的发绿、发黄，这意味着一些好玩的性状出现了。下一步我要做的是把它们养大，然后再取它们的花粉进行自交或者杂交育种实验，看看保留哪些性状和特点。

自交是植物将自己的花粉涂到自己的柱头上，杂交是两个品种之间杂交。那么，自交本身会发生变化吗？会的。所以在做杂交育种实验的同时，我也在做自交育种实验，下图就是2017年我用帝王瓶子草进行的自交育种实验。该实验很有趣，但周期更长。

帝王瓶子草的名字一听就特别霸气，它的植株体长得高高的。它既是爸爸又是妈妈，旁边小盆里的这一群就是它的孩子，已经长得很高了。当然，这些后代也出现了一些变化，比如原本帝王瓶子草是绿色的，没有红色的，但我培育的这些个体里面出现了红喉的

有趣的自交育种实验

现象，这标志着育种是成功的。目前，美国培育的帝王瓶子草最高可以长到1.2米。

春天的故事暂时告一段落，接下来是夏天。夏天也很忙碌，要控温浇水。其中控温是最重要的，因为食虫植物虽然喜欢阳光，但不能暴晒。左下图中是我跟王辰老师搭建的温室，里面种着各种各样的食虫植物。最好玩的一件事就是帮助食虫植物减肥，不能让它们"吃撑了"。因为夏天昆虫比较多，它们又特别贪吃，所以我需要用棉花把它们的入口一个个都堵住，如右下图所示。这样做它们是不会死的。相反，如果有太多昆虫掉进去，可能会把植物"烧"坏，因为昆虫会发臭、腐烂和分泌一些对植物不好的物质。

秋天就比较轻松了，需要做的工作相对较少。但到了冬天就忙了，基本睡不了觉，要通宵达旦地控温度，为什么呢？因为食虫植物怕冷，要保持一条7℃的生命线。

夏天：控温浇水，防止植物"吃撑"

我国的食虫植物

在中国科学院植物研究所查阅食虫植物标本时，我发现了一个很严重的问题：我国的大部分食虫植物标本居然是跟日本、澳大利亚、美国和匈牙利等国交换来的，而现在市面上常见的大量食虫植物也都来自国外，包括可以家庭养殖的那些。

那么，我国的食虫植物在哪里呢？事实上，我国只有很少一部分茅膏菜和狸藻的标本，还是六七十年前采集的。像猪笼草，在我国境内只有一个物种分布，叫中华奇异猪笼草，目前濒临灭绝，只有不到200棵野外植株存活。

交换来的食虫植物标本

鉴于目前的局面，保护我国本土的食虫植物迫在眉睫。其实保护物种不需要去深山老林，也不需要上天入地，因为它们就在我们身边。例如，不久前，人们在北京的翠湖湿地和奥林匹克森林公园发现了一种因环境污染而在华北地区消失了30余年的狸藻（见对页图），它们的花像小金鱼一样。

北京的食虫植物：狸藻

　　一连好几年我都会去这些地方寻找狸藻，结果有好有坏。有一年发现了，但下一年又没了。那么，为什么叫它狸藻呢？因为它像狐狸一样狡猾。这种植物拥有特殊的捕虫囊，在水中形成一个个小鼓泡，专门吃水中的昆虫。一旦有小昆虫接近，它们就会像抽真空一样，把虫子给吸进去。可是这么神奇的植物，竟然没有人研究过。所以读者朋友，如果你在野外发现了它，请一定要告诉我。

　　下页图是国家自然博物馆的植物展厅，收集了众多有趣的食虫植物，大家如果想了解更多关于食虫植物的内容，可以来这里一探究竟。

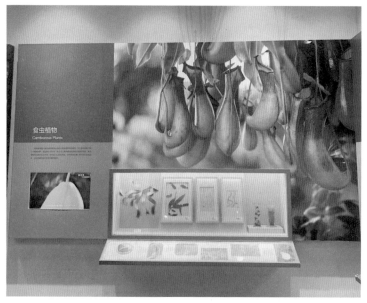

国家自然博物馆里的食虫植物

思考一下:

1. 食虫植物为什么要捕食虫子?它们只吃虫子吗?

2. 养食虫植物最忙的是哪个季节?每个季节需要注意哪些事项?

3. 我国的食虫植物现状如何,是否应该保护它们?

演讲时间: 2021.6
扫一扫,看演讲视频

花儿传粉的
秘密

张莉俊
中国科学院武汉植物园高级工程师

什么是传粉?

　　说到植物，大家最熟悉的就是它的开花结果，但从开花到结果有哪些步骤呢？为什么说传粉是其中一个非常重要的环节？首先，我们先来看看什么是传粉。

开花　　　　　　　　　　　　　结果

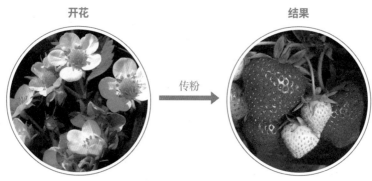

传粉

传粉：从开花到结果的重要环节

　　传粉就是花的花粉从花药落到柱头上的过程。柱头如果得不到花粉，就没办法发育，也没办法结果，也就没有后代。植物来到世

柱头

花药

传粉：花粉从花药落到柱头上的过程

界上是"有任务的"，它必须繁衍后代，让它的种族兴旺，所以很多花就会想方设法地接受花粉。

风媒传粉

花儿传粉需要借助外力，也需要传粉媒介，而传粉媒介的形式是多种多样的。例如，下图中的这种方式看上去像是起雾了一样，其实是松花在散粉。由于松花需要借助风来传粉，所以它的花粉量特别大，散粉时就会出现这种起雾现象，我们肉眼看到的这些粉末就是它的雾状花粉。

如果把松花粉放到显微镜下观察，你会发现它们非常独特。松花粉颗粒的直径比较小，只有人类头发直径的五分之一左右。另外，这些花粉都有两个气囊，可以帮助花粉在空中飞得更远、

松花借助风散粉

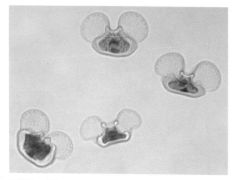

显微镜下的松花粉

更高。最远可以传送到4000千米以外的地方，大概是北京到海南的距离。

由于这些花都是靠风传粉，所以我们将它们称为"风媒花"。大部分禾本科植物（如水稻和小麦）、木本植物（如栎树和杨树）和裸子植物（如松树和杉树）都是风媒植物。另外，还需要提及的一点是，在风媒植物传粉的季节，很多人可能会出现打喷嚏、流鼻涕、皮肤上出现红斑并伴有瘙痒等症状，这其实是空气中飘散的花粉所引起的过敏反应。所以，在这一时节，我们出门时一定要做好防护，戴好口罩，尽量减少或避免皮肤与花粉直接接触。

栎、杨、桦都是靠风媒传粉的木本植物

昆虫传粉

说到底，风媒植物还是要靠天吃饭，但其中有些植物的花粉量较少且花粉颗粒较大，风很难将其传播到较远的地方，所以它们就选择了跟昆虫合作。世界上大概有65%的显花植物靠昆虫传粉，比如大家最为熟悉的蜜蜂和蚂蚁。事实上，除了蜂类和蚁类，还有很多其他种类的昆虫（如蝶类）也喜欢花，乐此不疲地为它们传粉。

当然，这些昆虫并不是白白为花传粉，它们也有自己的需求——获得花蜜或用来繁衍后代的"房子"。由此可见，花和昆虫之间是一种互惠互利、协同进化的关系，至于谁是"老板"，谁是"员工"，说不太清楚。也正因为如此，那些不但可以生产花粉和花蜜，还能为昆虫提供"房子"的花就成了最受欢迎的传粉对象。

食物：花蜜—高糖；花粉—高蛋白
房子：繁衍后代的场所

花

昆虫

牵线搭桥——传粉

花和昆虫之间是一种互惠互利、协同进化的关系

为什么说蜜蜂是最专业的传粉者？首先，蜜蜂不仅数量多，种类也非常多。全世界有2万多种野生蜂在进行访花采蜜，保证了充足的劳动力。其次，蜜蜂的装备较为"专业"。它们的后腿两侧有花粉篮，身上有腹毛刷，这些都是访花采蜜的有力工具。

蜜蜂：专业、勤劳的传粉者

我们都知道蜜蜂很勤劳，但它到底有多勤劳呢？研究发现，一只蜜蜂如果要产1斤蜂蜜，大概需要300天时间，访问约870万朵花，付出的汗水和泪水是相当多的。由此可见，我们平时吃的蜂蜜是多么来之不易。

另外，由于世界上90%的农作物基本上是靠蜜蜂传粉，一旦蜜蜂灭绝，农作物就没有了授粉者，也就无法生产出粮食了。这一结果将导致人类不仅吃不到香甜可口的蜂蜜，还会挨饿。为此，联合

虫媒花的特征一：花大色艳

虫媒花的特征二：散发气味

国将每年的5月20日设立为"世界蜜蜂日"，呼吁大家保护这些默默无闻的"奉献者"。

上面说到昆虫和花之间是互惠互利的关系，那什么样的花最受昆虫欢迎呢？首先是那些外观比较突出的花，如花朵非常大或者颜色十分鲜艳，会最先受到蜜蜂的关注。其次是那些散发着特殊气味的花，比如香气逼人的百合和玫瑰，以及散发着臭味的"巨魔芋"（它的臭味在800米外都能闻到），通过气

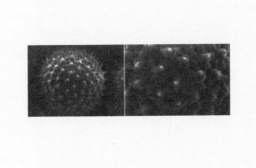

虫媒花的特征三：优化结构

味吸引昆虫达到传粉的目的。所以，味道对吸引昆虫来说是一个非常重要的方面。

　　昆虫到访后，花会想方设法地提高传粉的效率。它们将花粉进化得比之前更大，也更粗糙，上面甚至还长出了一些刺毛，这样花粉就更容易沾在昆虫的身体上。此外，它们的柱头也会及时分泌黏液，这样花粉一接触昆虫，就可以完成传粉了。

　　最后也是最重要的是鲜美可口的蜜汁，对昆虫来说，这才是最诱人的，因此很多花都能够产蜜。我们可以看到很多花瓣上都有下图中这种条状或者点状的东西，它叫作蜜导，主要的作用是为昆虫

三色堇　　　　百合

虫媒花的特征四：能产蜜汁

指引蜜汁所在的位置，就像专门给昆虫设的路牌或者指示牌。

　　通过视觉、嗅觉、触觉或味觉来吸引昆虫，很多花都能做得到，但接下来要介绍的这种植物拥有的诱惑本领则是独一无二的，它就是马兜铃（见下图）。马兜铃的花呈漏斗状，里面有一个花蜜储藏处，也就是图中圆形突起的部分，昆虫只有进入其内部才能采到花蜜和花粉。

马兜铃

　　当昆虫到访的时候，它会非常热情，而且为了让昆虫能够顺利地爬进去，它的花瓣上分布了一种名叫腺体状毛的物质，小虫子就是通过它们滑入花里面吸食花蜜的。等它们吃饱喝足，想要出来的时候，却发现这些毛变成了一根根倒刺，挡住了返回的路。就这样，这些昆虫被暂时关了禁闭，只能等到花粉成熟和散粉之后才可以爬出去。

　　此外，还有一种不得不提的兰花，叫作大彗星风兰，长有30厘米长的"距"。当年达尔文发现这种植物的时候觉得它非常奇特，

　　　　　　　　　　　　　　未来科学 ● · 植物篇

大彗星风兰与长喙天蛾

因为它的花蜜竟然在"距"的顶端。他猜想，如果有哪种昆虫能吃到这种兰花的花蜜，它一定更独特。果不其然，一种名叫长喙天蛾的昆虫恰好长了一根长长的喙，正好能够满足大彗星风兰传粉的需求，因此这两种生物在自然界形成了一种协同进化的关系，彼此之间相互适应，相互依存，密不可分。

当然，自然界中还有很多这种关系的生物存在，所以大家一定要保护自然界的动植物，尤其是一些濒临灭绝的珍稀动植物，这些生物对生态安全以及生物多样性都有着非常重要的意义。

水媒传粉

说完了地上长的、空中飞的，我们来看一看生活在水中的植物是如何传粉的。水生植物主要靠水媒传粉，传粉过程可以在水下，也可以在水表。例如大叶藻，它是水下传粉的典型代表。这种海草一般生长在浅海区，在全球分布较为广泛，看上去很像青菜。

大叶藻（*Zostera marina*），水下传粉的典型代表

大叶藻的特殊之处在于它的雄蕊和雌蕊是交替排列的。雌蕊先成熟，做好迎接花粉的准备，一旦花粉成熟，它就会接住花粉，完成授粉。除此之外，为了在水中成功传粉，大叶藻的花粉和柱头则发育成了特殊的形态：花粉是纤维状的花粉丝（与一般的花粉不同），柱头呈现分叉的状态。所以，当它的花粉和柱头结合时，就好比用叉子吃面条，是完美结合的典范。

另有一些水生植物通过水体表面传粉，如苦草，一种水鳖科苦草属沉水草本植物。由于它长得像韭菜，所以也被称为"水韭菜"。苦草的特殊性在于它是雌雄异株，一丛苦草的个体上只生长雄蕊，另一丛苦草的个体上只生长雌蕊，花粉需要跨越一定的距离才能传粉成功，传粉的难度系数更高一些。

苦草的雌蕊长在花柄的顶端，随着花梗的伸展到达水面，然后在水面形成一个很小的凹陷。成熟的雄株会从叶腋中抽出包着佛焰苞片的穗状花序。开花时，雄蕊脱离开裂的佛焰苞漂浮于水面。当雄蕊漂到雌花形成的凹陷时，便会倾斜，这时花粉将接触到柱头，便开始了授粉过程。待授粉完成后，雌花闭合，细长的花柄螺旋卷曲，将子房缩回水中，在水下开始孕育一个新生命。

未来科学 ➕ 植物篇

雄株

雌株

苦草是雌雄异株植物

蝙蝠传粉

大家都知道蝙蝠是一种夜行动物，它们利用回声波进行定位，而很多植物为了迎合蝙蝠的这种行为特性，也进化出了一些有趣的特征。例如，有的植物的花开成球形，有的花上方长着勺子状的叶片，它们进化出这些特征都是为了帮助蝙蝠进行定位。还有一种植物叫作鹦豆，它的花粉成熟时反射给蝙蝠的声波与平时是不一样的。这些植物还有一个共同特点就是花在夜晚开放，以适应蝙蝠的习性。

因此，我们要好好保护蝙蝠，这样才能保护好跟蝙蝠息息相关的植物以及其他生物，因为它们是生态系统重要的组成部分。从上文中我们也能看出，动植物在长期进化过程中必须适应环境，不断提升自己，改变自己。这就是达尔文说的"物竞天择、适者生存"。大自然的智慧让我们瞠目结舌，大自然的奥秘也让我们回味无穷。希望大家能多多走进自然，观察自然，热爱自然，保护自然！

植物为了传粉进化出了某些适应蝙蝠回波定位的特征

思考一下：

1. 什么是传粉？为什么传粉在植物繁衍中如此重要？
2. 文中提到了哪些不同的传粉方式？试着跟父母或同学描述其中一种。
3. 什么样的花最受昆虫传粉者的欢迎？

演讲时间：2019.6
扫一扫，看演讲视频

种子守护者

蔡杰
中国科学院昆明植物研究所高级工程师

中国西南野生生物种质资源库大楼

　　在中国科学院昆明植物研究所读书时，我有幸在我国的西南地区——被誉为"世界的后花园"，邂逅了各种奇花异草，并拍摄了许多拍照。如今这些宝贵的生物遗产面临着人类活动和气候变化带来的各种影响和威胁，它们中有的物种大幅减少，有的濒临灭绝。为了保护这些生物遗产，科学家们建立了自然保护区和种质资源库。

　　2004年，中国西南野生生物种质资源库得到国家立项，依托中国科学院昆明植物研究所建设和运行。在这个种质资源库建成后，我有幸成为其中的一员并参与了种子采集和保存的工作。

　　种质库和种子库有什么不同？种质的狭义定义指的是所有有活力、有生命力、可以继续传代的遗传物质。在植物学领域，种质包括植物的植株、幼苗、种子、花粉、花芽等。种子是种质的一种类型，种质包含了种子。所以种质库收集保存的对象和类型，比种子库更广泛。

　　上图中这栋建筑就是中国西南野生生物种质资源库大楼，这4层建筑虽然看上去普通，但它非常结实。它的地基足以支撑40层楼，而最核心的部分就是地下的种子库。

空气压缩机：种子库的"心脏"

空气除湿系统：种子库的大型"空调"

干燥间：带空调的"客厅"

冷库：-20℃的"卧室"

　　让我们进去看看核心部件的构造吧。在这里，"装修"最豪华、最核心的部分是空气压缩机和空气除湿系统，它们为种子库干燥间及冷库的运行提供保障，输送又干又冷的空气。所以，这里的"种子房客"不仅拥有带空调的客厅，还有零下20摄氏度的卧室。简单地说，种子库的工作原理就是通过"低温和干燥"这两种方式，将种子的寿命得到最大程度的延长，供人类后续使用。

为种子库请"房客"

　　种子库建好后，我们希望"住户"能尽快住进来，于是就发了一个"招租"广告：精装修大宅，24小时空调；免租金，附送年度体检；属于珍稀濒危物种、区域特有物种和具有重要经济价值的物种可以优先"入住"。

　　除了优厚的入住条件，我们还派人主动到全国各地邀请"房客"。

火麻树

这些"特派员"其实就是种子采集员，我也有幸成为其中之一。种子采集员的工作一般是"白＋黑"模式：白天上山采种子，晚上回来整理材料、清洗种子。有时候还要借着烛光或月光工作。

大多数的"种子房客"都温文尔雅，但也有一些"房客"会给我们出其不意的袭击。比如左图中这种植物，叫火麻树，成熟的果实吊在树梢，很可爱的样子。有一次，我徒手采集火麻树种子，瞬间剧烈的疼痛从手背蔓延到胸口附近，而且疼痛感持续了好几天。如果洗手，会越洗越痛。仔细观察后，我们发现，火麻树的果序上除了一些不起眼的小刺毛，并没有什么看上去危险的东西。

2020年，我看到一则科学报道，说澳大利亚科学家从火麻树在澳洲的"亲戚"——金皮树——的刺毛里分离出一种叫金皮肽（gympietides）的物质。金皮肽是一种破坏性的神经毒素，它可以对人的神经受体造成破坏，产生疼痛感。如果挤压患处，则会加重肌肉的疼痛感。终于找到答案了。火麻树的刺毛里也有金皮肽，这就是我们被扎后洗手越洗越痛的原因。

还有一种植物叫羽叶蛇葡萄。第一次看到它时，我们非常兴奋，因为种子库里还没有保存过这个物种。当天回去后，我就开始清洗种子，可是洗着洗着，手背越来越痒，随后变得又红又痛。后来查了一些资料，我才发现原来自己又被"刺"扎了。这次扎人的"刺"只有借助显微镜才能看到，它的主要成分是草酸钙结晶，在植物细胞里很常见。羽叶蛇葡萄果皮里的草酸钙结晶特别丰富，在清理种子、揉搓果皮的过程中，把植物的细胞壁挤破了，于是这些像针一样的草酸钙结晶就狠狠刺入了我的手背。真是明枪易躲，暗箭难防啊。

羽叶蛇葡萄

植物细胞中的草酸钙结晶

除了采集种子，种子采集员还有个重要工作，就是拍照。右图这张照片拍摄于广东省，这株有趣的植物叫白丝草。但是请你仔细看，照片里除了植物，还能看到什么？可能很多人都跟我一样，没有发现。其实照片的右上角有一条竹叶青。这条竹叶青当时离我们不到1米，还好有惊无险，我们都很安全。

随着采集范围的扩大，我们开始尝试其他的技术，或者到新区域采集。例如，2021年，我们尝试用绳降进入天坑开展采集工作，并在里面发现了

白丝草

一种名叫大花石蝴蝶的植物。这一物种从人们的视野中消失了125年，在天坑里，我们发现了它的第三个分布点。

下页下图中这棵树叫秃杉（又名台湾杉），是目前我国测量过的高树之一，高达72米，有二十几层楼那么高。它的种子只有在树顶才能采集到，就在2021年11月，我们成功爬到树顶并采集了

种子守护者

进入天坑采集

大花石蝴蝶

秃杉，云南贡山

它的种子。

　　另外，我们还在珠穆朗玛峰采集到了一系列物种，如须弥扇叶芥，采集地的海拔是6212米。这是目前全球的种子库里已采集保存的海拔最高、有明确GPS记录且有活力的种子。我相信这个纪录会很快被打破，但我们仍会继续向极高海拔地区探索。

　　采集员不仅要有体力、毅力，还需要聪明的头脑。下页图中的

5 种马先蒿植物的花

这些花属于一个叫马先蒿的家族，非常漂亮。每到夏天，云南香格里拉的草甸会有很多这样的鲜花盛开。这类植物在开花时很容易区分不同，但在结果的时候长得非常相似。所以，我们采集种子的时候需要仔细分辨，否则很容易采成"八宝粥"，几个种的种子都混在一起。

种子在种子库里保存的时间越久越好，由于种子的成熟程度影响种子的寿命，所以我们要尽量采集成熟的种子。

理论上，采集种子的最佳时间是在成熟脱落后和散布前这两个时间点的交接期。通常我们先通过常识来判断种子是否成熟，比如果实开裂了，或者颜色变了，就说明它成熟了。但在实际的操作过程中，特别是针对千千万万的野生植物来说，还是不容易把握的。

有时可能为了采集一个物种，需要采集员前前后后跑好几趟。例如在采集大花石蝴蝶的种子时，我们获悉1月是它的盛花期，想着4月种子应该就成熟了，结果去了才发现并没有。5月，我们又去了一次，发现种子还是没有成熟，但果实比之前变黄了些。一直到6月底，我们才采集到成熟的种子。

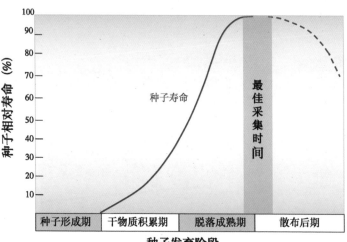

种子相对寿命 (%)

种子寿命

最佳采集时间

种子形成期　干物质积累期　脱落成熟期　散布后期

种子发育阶段

采集种子的最佳时间

果实开裂

果实的颜色改变

　　采集过程虽然艰难，但也给我们带来了很多乐趣，比如让我们有机会品尝到各种风味不同的野果，包括天然冰镇、富含维C的沙棘果。此外，我们还见到了不仅长得像"猪腰子"，个头也和它差不多大的豆米——"猪腰豆"，这是中国能找到的最大的豆米，一粒新鲜的豆米重量可达500克。可惜的是，这种豆子有毒，不能直接食用。

　　经过十多年的努力，我和同事们从全国各地"请来"数以万计的"住户"。从西北的荒漠到东北的森林，从青藏高原到南海，足迹遍布各个角落。截至现在，我们收集、保存的种子已超过1万种，8.5万份。

给种子办理"入住手续"

　　种子采回来后，接下来的工作就是要把它们放到各自的房间里，进行种子入库。这需要多个关键步骤。首先是清理种子。因为种子

给小蓬竹种子做 X 射线体检

的大小、规格都不一样，所以需要手工分拣，这真的是一件考验眼力和耐力的活儿。

　　清理完的种子不一定都品质良好，所以我们接着要给它们做 X 光体检，通过 X 光来确认种子质量。上图中是竹子的种子，给它们做 X 光体检之后，我们可以看到，11 粒种子中只有 3 粒是饱满的，或者说是健康的。

　　另外，我们还需要知道采到的这份种子的数量有多少，所以会通过随机取样的方式来测算种子的千粒重，最后估算出种子的数量，为我们今后的使用提供参考。

　　这些工作做完以后，种子会被放到干燥间再干燥。最后一步是

种子计数

种子入库

把种子密封后，放到零下20摄氏度的冷库，也就是送到"主卧"，进行长期保存。其实种子库的冷库只有不到200平方米，但现在已经保存了8.5万份种子，平均一个脚掌印大小的地方，就保存了上千份植物种子。如果有人问我全世界植物物种最丰富的地方在哪儿，我认为在我们的种子库。

种子能存活多久？

那么，种子在它的新家里能活多久呢？毕竟我们采集种子的目的就是要让它们一直活着，以供将来使用。记得我中学生物课本的封面是一朵荷花，它就是由辽宁普兰店一颗距今1000多年的古莲子萌芽后开出的花。

很多人可能都吃过椰枣，它是中东地区一种很常见的干果。以色列考古学家用发掘出的一些距今已有2000多年历史的椰枣种子，成功培植出了椰枣树。

在俄罗斯的西伯利亚，科学家在一个老鼠洞里找到了一些种子。经过检测发现，这批种子距今3万~3.2万年。虽然它们最终未能产成植株，但科学家通过组培的方式把其中一些有活力的果实细胞分离出来，然后再通过离体培养，成功复原了这一物种。所以，既然这些植物在自然状态下都能活那么久，如果我们给它们一个更好、更稳定的环境，它们是不是有可能活得更久？

下页上图中是根据种子寿命公式推算出来的数据。如果把玉米种子存放在昆明的室外，5个月左右，它的活力就会快速下降。但是如果把同样的玉米种子存放到种子库里，理论上要经过460年，它的活力才会下降到同等的活力值。不同物种的种子活力下降时间是不一样的，有几百年的、几千年的，也有上万年的。这给了我们

未来科学 ● 植物篇

种子的储藏寿命——在低温干燥条件下显著延长

物 种	种子寿命（种子活力下降一个概率值的时间，比如，从97.5%下降至84%，或从84%下降至50%）	
	昆明室外 （年均温15℃，年均RH 73%）	种子库 （-20℃, 15% RH）
玉米（Zea mays）	145天	460年
小麦（Triticum aestivum）	99天	786年
水稻（Oryza sativa）	241天	1139年
莴苣（Lactuca sativa）	71天	372年
大豆（Glycine max）	193天	214年
棉花（Gossypium hirsutum）	1766天（5年）	17076年

种子寿命推算

信心，种子库的技术能应用于绝大部分物种的长期保存。

当然，并不是所有物种的种子都适合在低温和干燥的环境中保存。有很多热带水果，以及橡树、咖啡等物种的种子就不喜欢干燥或低温环境，它们会很快死掉，我们把这类种子叫作顽拗型种子或者中间型种子。不过，现有的统计数据显示，这类种子在自然界中大概占10%，所以大部分物种的种子还是可以用种子库来保存的。

唤醒"沉睡"的种子

保存种子最重要的意义是将来我们能够重新使用它们，届时需要把这些冷藏的或者沉睡的种子"唤醒"。我们会定期给库存种子做萌发实验，种子萌发的这个过程被我们浪漫地称为"唤醒睡美人"。

大家可能在购物网站买过"草头娃娃"，只要给"娃娃"浇了水，过几天它就会长出绿色的"头发"，这个现象说明影响种子发芽的基本因素是光、温、水，控制好这几个条件，种子就可以萌发。但是自然界的

草头娃娃

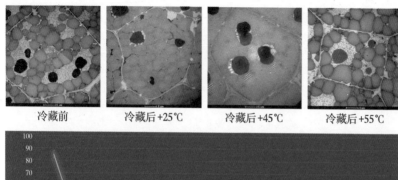

| 冷藏前 | 冷藏后+25℃ | 冷藏后+45℃ | 冷藏后+55℃ |

白楸种子的细胞内油脂变化

种子并不完全是这样的，特别是经过低温保存以后的种子，它们会有一些特别反应，比如有一种叫白楸的植物，我们发现它的种子冷藏后不能萌发了，但是它也没有死。后来我们对它种子里的细胞进行观察。

我们发现，这种植物种子的含油量很高，第一张图中的白色圆团就是它的油脂，这是冷藏前的情况。而冷藏后的种子放在25℃的环境中培养，却没有萌发，上排第二张图展示的就是我们当时看到的种子细胞里的样子。我们怀疑是不是冷藏后，细胞里的油脂都凝固了，而在25℃时这些油脂依然没有融化。接着我们将温度继续升高到45℃，种子还是没有萌发，油脂也没有融化。我们继续把温度升高到55℃，这时种子细胞里的油脂开始融化，恢复到冷藏前的状态，而其中一些种子也开始萌发。简单地说，这些种子被"冻僵"了，需要给它们泡个热水澡，才能苏醒。虽然55℃的萌发率仍然不是很高，但这为种子萌发的工作提供了一个新思路。

还有一些种子外面穿了一身盔甲，比如右图中的东方泽泻的种子，在外面这层"壳"（果皮）没有去掉之前，它不能萌发，但剥掉果皮后的种子很快就萌发了。蔷薇类植物的种子也是如此，需要把种子外面的壳去掉，它们才能够萌发。

东方泽泻种子萌发

在青藏高原生活的植物，要经历巨大的昼夜温差，因此，有些来自这一区域的种子在实验室条件下萌发，也需要模拟原生环境的条件，即把它们放在可以设置温度变化的培养箱里，一段时间温度高、一段时间温度低，通过变换温度，这些种子才能够萌发。有时不是几天、几个月的温度变动就能实现种子萌发，而是几年。例如，我们观察到一种叫喜马拉雅嵩草的植物，它的50粒种子从播种到最后完全萌发，总共用了1923天，5年多的时间。我们推测，同一批种子萌发的时间不一致，或许是某些野生植物的生存策略，避免遭遇极端环境时"全军覆没"。如果没有种质资源库这样的平台，我们很难记录到这样的现象。

虽然我们对种子的萌发已经有不少的了解，但仍然面临很多挑

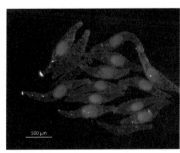

兰科植物种子四唑染色前后颜色变化

战，比如有些不萌发的种子，通过化学试剂染色后，白色的胚可以被染成红色（见上页下图），这说明种子还活着，但需要不断尝试新的方法让它们萌发。

现在，全世界很多国家都在建种质资源库，比如英国建立了千年种子库，它是全世界最大的保存野生植物的种子库。挪威在北极圈内的斯瓦尔巴岛也建了一个种子库，用于备份全球的农作物种子。中国西南野生生物种质资源库在2020年成为全世界第二个保存物种数量超过1万种的种质库，也是亚洲最大的种质库。

我们已知的种子植物有35万种，高等植物接近40万种，但是真正被人类驯化并广泛利用的植物只有1000多种，所以种质库里保存的种子未来还将发挥很大的作用。我们也会继续从大自然留给我们的遗产里面去寻找和发现更多的物种，把它们保存起来，不让其消失，这非常重要。

思考一下：

1. 为什么叫种子守护站为种质库，而不是种子库？
2. 采集完的种子要经过哪些流程才能正式"入住"种子客房？
3. 保存植物的种子对于人类更好地了解自然有哪些帮助呢？

演讲时间: 2021.11
扫一扫，看演讲视频

中国人为什么这么爱种菜?

史军
植物学博士、科普作家

人必须吃蔬菜吗？

首先探讨一个问题：人必须吃蔬菜吗？几乎所有的朋友都认为吃蔬菜是必要的，不吃蔬菜身体就会出大毛病。但是我想告诉大家的是，这还真不一定。

肉和蔬菜里面都含有维生素 C

世界上有这么一群人，食谱里面几乎没有植物性的食物，更不用说蔬菜了。这群人就是因纽特人，大家可能更熟悉他们的另一个名字——爱斯基摩人。当然，我们一般还是称他们为因纽特人，因为爱斯基摩人在当地人的语言里是"吃生肉的人"的意思。你不可能见到一个朋友就问人家"你今天吃生肉了吗？"。这不太好。所以，他们更愿意自称因纽特人（Inuit），因为这是"真正的人"的意思。因纽特人吃鲸鱼、海豹的生肉，从海中捞出来后，直接咔咔一分切就可以吃了。但是这样能满足人体所需的营养吗？答案是，完全可以。

我相信很多人可能会有一个疑问：蔬菜中的维生素C对我们的身体至关重要，因纽特人不吃蔬菜，那维生素C从哪儿来？实际上，肉里面是含有维生素C的。那为什么我们中国人不是通过吃生肉的方式来获取维生素C？为什么执着于吃蔬菜？又为什么执着于种菜呢？

中国人为什么执着于吃蔬菜？

首先，人体需要从蔬菜中获取一些特殊的营养物质。什么营养物质呢？就是大家已经想了半天的维生素。毫无疑问，蔬菜是一个非常重要的获取维生素的来源，维生素C、β胡萝卜素，以及很多矿物质都能从蔬菜中获得。更重要的是，我们还能获取很多膳食纤维，这是蔬菜带给我们的重要营养供给。

这里一定要强调一下维生素C的重要作用。维生素C到底有什么作用？简单来说，它在我们人体内承担着一种类似铆钉的作用。什么是铆钉？假如我们要盖一栋钢架建筑，比如特别有名的埃菲尔铁塔，那就需要用很多的铆钉把钢梁铆接在一起。我们的身体、皮肤里的蛋白质，特别是胶原蛋白的结构，是如何稳定存在的？胶原

维生素C就像铆钉将胶原蛋白分子铆接起来

中国人为什么这么爱种菜？

蛋白分子并不是一条一条地排列就稳固了，它们也需要"铆钉"。铆钉是什么？就是维生素C。人们需要维生素C将胶原蛋白的分子铆接起来，这样皮肤和血管才会有弹性，才能活动自如。

　　如果缺乏维生素C这样的铆钉，这些像钢架一样的胶原蛋白分子就会散架，出现严重的坏血病。以前的人不知道坏血病的病因是什么，就觉得病人的血可能出了问题，于是病人把牙齿松动、牙龈出血、皮肤下面出现很多紫斑等症状的原因，都归结为血坏掉了。实际上，坏血病不是血坏掉了，而是胶原蛋白坏掉了。由此可见，维生素C有多重要，而从蔬菜中获取维生素C是一个非常便捷的方式。但是为什么我们不从生肉中获取它呢？这和中国古代的生产和生活方式有关。

牲畜粪便发酵后就是所谓的农家肥

　　中国人很早就进入了农耕定居的时代，由此人们主要的生活区域就固定了。这就需要种更多粮食、蔬菜和水果。那怎么样能增产增收？这就需要具备一个非常必要的技能——施肥。古代的时候没有化肥，所以要施农家肥。所谓的"农家肥"就是将人或者牲畜的粪便放在粪窖中发酵，发酵到一定程度后，再把肥料送到地里施给庄稼，这样庄稼就能长得好。但是这种做法会带来一个非常麻烦的问题：寄生虫。我相信很多小朋友可能对这个词非常陌生，但你们的爸爸妈妈一定还有印象。他们很多人在小时候一定吃过宝塔糖。为什么当时我们要吃宝塔糖？因为菜上有很多蛔虫的虫卵。

蛔虫是一种长得像米线似的长条形虫子，生长在人们的肠道里面。这种虫子非常有意思，样子很像米线，没有嘴和眼睛，因为不需要。它的头部结构就像一个钩子，挂在我们肠道的内壁上。肠道中含有丰富的营养物质，满足了蛔虫的生长所需，于是它们很开心地泡在"营养汤"里，完成整个生长过程。同时，蛔虫又会生出很多虫卵，随着人们的粪便进入粪窖和田地中，虫卵又会出现在蔬菜上，人们又食用下去，如此循环。所以在过去，我们会碰到很多这样的问题，需要定期服用驱虫药。如果不吃驱虫药会怎样？营养全都被蛔虫吸收了，人就会变得面黄肌瘦。所以，吃宝塔糖在当时是一个特别必要的做法。

今天我们为什么不需要吃宝塔糖了？因为现在种菜基本上都施化肥。虽然今天人们对化肥种植有诸多诟病，但是它让大家不用再担心蔬菜上有蛔虫卵了，这是一个非常大的进步。

在没有宝塔糖的古代，古人们要如何对付蛔虫等寄生虫和病菌？答案就是，将食物煮熟，特别是各种肉类。大家千万要记住，肉里面有猪肉绦虫、牛带绦虫等更可

把肉做熟可以避免感染寄生虫和细菌

怕的寄生虫。如果生吃的话，这些寄生虫就不像蛔虫那样只是在肠道吸收营养，有些绦虫会进入我们的大脑，破坏大脑，这是非常可怕的。这就是为什么中国人自古以来执着于把肉做熟了吃。另外，中国人吃菜也基本上都是做熟了吃，没有生吃的传统，道理也是一样的。

刚才我们所说的因纽特人，他们吃肉的时候为什么那么开心？因为生肉里的维生素C含量丰富。中国人在折中之后，选择将食物煮熟食用。但是一旦加热，这些维生素就会被破坏，因此就需要通过蔬菜来补充维生素。

种菜的动因

刚才讲了营养和熟食传统影响中国人吃菜的问题。此外，还有一个重要因素：小农经济和重农抑商。这听起来可能会让人觉得离主题有点远。

大家都知道商鞅变法吧，里面有两个核心要素：一是鼓励耕织，二是鼓励作战。鼓励耕织有特殊的奖励模式，各家各户要以家庭为单位努力生产。当时有很多荒地都没有被开垦，要促使大家努力去开垦荒地，那就只能尽可能多地划分生产单元。所以在当时，如果家庭里的劳力太多而不分家，就需要加倍上缴赋税，这就是小农经济，正如戏曲里唱的"你挑水来我浇园"，夫妻俩把所有地都种了。

这和中国人吃菜有什么关系呢？我们今天吃的菜可以通过市场、超市或者电商等渠道轻易地购买，但在商鞅那个时代，没有超市、菜市场，也没有手机，就更不用说快递把菜给你送到家门口了。因此，商鞅提出了另外一个政策：重农抑商。当时人们认为农业生产是好事，而商人是干坏事的人，所以人们所需的食物都是自产自销。当然，今天大家不会这样认为了，因为没有商人的话，整个社会的产品流通就成了问题。

大家可能会问：多种点水果不行吗？其实从理论上讲是可行的。但是水果不耐储存，而且生产周期集中，比如苹果的收获期只有一个月，橘子也是。都摘下来放到哪儿呢？怎么储存？怎么吃？但是蔬菜就没有这样的问题。人们可以将菜种到菜园里，然后一年到头都围着这个小菜园获取营养。后来又出现了大白菜等容易存放的蔬菜，于是就形成了中国人吃菜的方式。中国人爱种菜还有一个非常重要的原因，即在古代中国频发战乱和极端天气的时候，人们无法获取足够的主食，但可以食用蔬菜。特别是在一些社会动荡时期，比如南北朝时期，天气寒冷，极端天气较多，又是兵荒马乱的，人们在这个时候很可能就获取不了足够的主食。而且种粮食并不是一个很简单的事情，更不是把种子扔到土里面到时候去收就行了。即

在古代中国，蔓菁是非常重要的食物来源

便你把种子种到土里，从种子生长到庄稼成熟，也是需要漫长的时间的。

比如冬小麦，大概在10月底11月初播种，到第二年的6月才能收获，这是一个非常漫长的过程。在它没有成熟之前，基本没法收割。但在战乱频发的时期，这就麻烦了。如果还差两个星期冬小麦才能完全成熟，但忽然打仗了，这该怎么办？人们仍然需要吃东西维持生存，这时蔬菜就成了重要的食物补充。

还有一种非常有意思的蔬菜——蔓菁。今天大家已经很少吃它了，但在古代中国，它的地位相当重要。如果你看到它，很容易误认为它是萝卜，因为它和萝卜长得非常像，但是将其煮熟了以后，你会发现这东西跟萝卜的味道完全不一样，吃起来像土豆，嚼起来面面的。今天我们已经有土豆了，为什么还要吃萝卜味的土豆呢？因此，这种"萝卜味的土豆"就被踢出了我们的餐桌。

所以说，古人种蔬菜的习惯，受到了天气和战乱的影响。

变化中的中国蔬菜

古代中国的蔬菜不是一成不变的，我在这里跟大家介绍几个历史上的标志性蔬菜。将时间倒推回商周时期。商周时期的人都吃什么菜呢？那时的大多数人都吃野菜，但是什么野菜呢？它们就是下页图中的紫花地丁和鹅肠菜，分别隶属于堇菜和繁缕这两大家族。这两种菜在商周时期是非常重要的野菜，我国最早的农书——《夏小正》，就特别描述了它们。

有些同学可能会想，这两种菜是不是很好吃？我负责任地告诉大家，它们并不好吃。如今在北京的路边还经常能看见它们，作为观赏性植物存在，但如果你非要吃它们不可，就是和自己的舌头过

难吃却被看重的野菜，紫花地丁和鹅肠菜

不去了。那为什么古人尤其执着于吃这样的菜？不是因为好吃，而是因为它们容易识别。为什么说容易识别很重要？这里和大家分享一个小故事。之前在农业大学做讲座时，一个同学问道："老师，如果你在野外见到一个你从来都没有见过的植物，你怎么能确定它能吃还是不能吃？"我给了他一个无懈可击的答案："让别人先吃。"从来都没见过的菜，又不知道它有没有毒，我为什么要冒着生命危险去吃呢？（谨记：千万不要干这种傻事。）

而像堇菜这样带有明显标志的野菜，在野外一眼就能识别出来：堇菜的花朵上，有像猫脸形状的花瓣，每个花瓣上甚至还有像小猫胡子一样的条纹。它旁边的鹅肠菜也有非常容易识别的特征，具有假10瓣的现象。不信你数一数，你肯定会觉得它有10个花瓣。其实不是，它是一个花瓣分裂成了两片，所以虽然只有5片花瓣，看起来却像是10片。知道了这些特征，我们就很容易识别它们。这些野菜虽然不好吃，但可以保证人们能活命，这是很重要的事情。当然到了后来，中国人开始种其他蔬菜以后，不好吃的堇菜、繁缕就被请出了我们的餐桌。

百菜之王

　　再如中国人最早特别仰仗的一种蔬菜——葵。有人可能会问：它和向日葵有关系吗？实际上，向日葵的引入比它晚得多。向日葵是明清以后才被引入我国的，而葵在秦汉时期就已经成为中国人餐桌上最重要的蔬菜，当时的地位堪比今天的大白菜。但是这个菜也不好吃。味道倒不苦，但它叶子的表面有很多茸茸的刺毛，用手摸的时候感觉不到扎，吃到嘴里的时候拉舌头，所以在古代人们通常将其切成细丝煮粥吃。

　　为什么这么难吃的菜还能成为百菜之王？因为它有自己的独特之处。首先，它的营养成分很丰富，富含维生素C。其次，它里面含有丰富的多糖类物质——现在有一个时髦的名字叫膳食纤维。膳

食纤维是黏糊糊的像鼻涕似的东西，吃下去以后对我们的身体很有好处，尤其是对生活在我们肠道里面的肠道菌群。别小看肠道菌群，它们的好坏直接关系到我们大脑的好坏，这是近年来人类才发现的关于生命的秘密。所以，葵在营养学上就站住脚了。

　　另外，在古代，它很容易种植，因为葵的耐受性很强，天气热的时候可以种，天气冷的时候也可以种。特别是在南方的很多地方，现在冬季主要的蔬菜还是葵（也被称为冬寒菜或冬苋菜）。如果大家去江南或西南的很多

葵，也被称为冬寒菜或冬苋菜，营养丰富

地方，在冬天的时候还是能吃到这种菜的。但在北方就吃不到了，因为它已经被大白菜取代，大白菜的味道比葵可好太多了。

无可取代的外来物

毫无疑问，辣椒如今已成为中国人广泛接受的蔬菜或香料。为什么它能被中国人接受？很多学者认为辣椒可以刺激唾液分泌，所以当我们吃粗糙食物的时候，有了唾液的润滑就能很好地吞咽它们。今天的小朋友肯定无法理解这是什么概念，因为我们现在吃的都是精米白面。如果将时间向前推50年，那个时候很多人餐桌上的主食还是玉米面、高粱面、莜麦和荞麦。而且当时的磨制技术也不像今天这么发达，吃这类粗糙食物拉舌头怎么办？吃点辣椒就可以了。

辣椒之所以能在中国的餐桌上站稳脚跟，还有一个非常重要的因素，即辣椒含有丰富的营养，特别是维生素C。辣椒里维生素C的含量是柠檬的3~4倍，由此可见，这是多么好的一种食物。吃一个小小的朝天椒，就相当于吃一个大柠檬，当然前提是你能耐得住辣。目前在很多地区，辣椒确实成了重要的营养来源。因为辣椒的种植非常方便，不受地形和地域的限制，海边、高山、南方、北方都可以种植。所以人类选择辣椒作为主要的蔬菜，不是没有道理的。核心

辣椒富含维生素C，而且特别下饭

还是在于这菜的营养太丰富了，而且容易种植。

　　总之，今天餐桌上出现的每一种蔬菜，都凝结了人类和整个大自然的智慧。不管是菜市场里的蔬菜，还是餐盘里的蔬菜，千万不要以为它们只是死板的植物。

思考一下：

1. 肉里面含维生素 C 吗？

2. 辣椒能在中国人的餐桌上站稳脚跟的原因有哪些？

3. 中国人爱吃蔬菜的原因是什么？

演讲时间：2022.7
扫一扫，看演讲视频

给全世界植物起一个
美好的中文名

刘夙
中国科学院上海辰山植物园高级工程师

王莲

为什么要给植物拟中文名？

　　关于这一点，我想用自己的一次亲身经历来说明。2017年，上海的一个学术机构找到我，希望我能做一些热带雨林植物方面的科普。说到热带雨林，相信大家都不陌生，可能很多人还能说出一些跟热带雨林相关的有趣现象，如滴水叶尖、绞杀植物，有些热带雨林植物的叶子非常鲜艳，等等。但是大家耳熟能详的这些内容就能代表热带雨林的全部吗？当然不能。作为地球上生物多样性最丰富的植被类型之一，热带雨林中的奇异现象比科普著作里所呈现的要丰富得多。所以，当我接到这个任务的时候，我就想，我们能不能去挖掘一些关于热带雨林的更有趣的、不为人知的东西。当然，那些常见的我们会介绍，但是我们也希望把更多更有趣的知识呈现给大家。

　　于是我就去书店和图书馆查阅了相关资料，但查出来的结果令人震惊。在上海市图书馆和北京的中国国家图书馆的馆藏书目中，有很多跟热带雨林有关的图书，但内容严肃的、通俗的、全面的或比较科学的那些，能查到的最新出版日期竟然是20世纪50年代，还是翻译自国外的作品。

如今在书店和图书馆里，我们确实能看到很多跟热带雨林有关的书，但它们大多是儿童读物。当我们想要在中文世界里面找到全面介绍热带雨林的书时，你会发现真的太贫乏了，资料太少了，所以我们不得不到英语世界、法语世界甚至德语世界里检索资料，然后再辛辛苦苦地把那些关于它们的有趣故事翻译成中文。这就是我们现在面临的问题。尽管我们已经是世界第二大经济体，但我们对世界的了解，以及关于世界博物学知识的储备充足吗？答案是，远远不够。

所以，作为一个致力于科普创作与翻译，以及科普网站建设的植物园高级工程师，我觉得自己有义务把这些有趣的植物学知识从英文世界、法文世界引入进来，让中国的读者不需要跨越语言障碍就能了解它们。在这一过程中，第一个难题就是有很多植物没有中文名。

热带雨林里的"冷门"现象

做了以上种种铺垫，我们来看看在热带雨林里，除了滴水叶尖、绞杀植物和老茎生花外，还有什么其他的神奇现象。首先你会看到下页上图中的这种现象：一些高大的乔木会非常默契地在树冠之间留出缝隙，各自占据一方天地，非常彬彬有礼，这在生态学上被称为"羞避现象"，在热带雨林中极为常见。这种能够呈现树冠"羞避现象"的植物目前已经有了中文名，叫作"冰片香"，它的拉丁学名是 *Dryobalanops aromatica*。可能有人会好奇，为什么叫它"冰片香"？这是因为如果你割开它的树皮，它会分泌树脂（凝结之后

冰片香
（*Dryobalanops aromatica*）

被称为"冰片"，是一种名贵的中药）。

　　下面这种植物的拉丁学名是 *Cordia nodosa*，它就没有中文名了。它的神奇之处在哪里呢？从图中我们可以看到，它的茎上有一个膨大的部位，里面是空的，蚂蚁可以钻到里面，干什么呢？保护植物。假如有害虫落到植物的茎叶上，想要啃食它的嫩芽，蚂蚁就会从里

蚁蛇檀
（*Cordia nodosa*）

未来科学 ⊕ · 植物篇

吞金树
（*Tachigali versicolor*）

面钻出来，狠狠地撕咬虫子，虫子受不了只能逃跑，由此蚂蚁跟植物形成了一种共生关系。

这类情况在热带雨林中极为常见，很多植物都有这样的适蚁习性，但问题就在于这种植物没有中文名。如果我们想毫无门槛地把这些有趣的植物知识介绍给中国读者，不可避免地要给它起个中文名。我们不可能直接把它的拉丁学名搬上来，这样会让人觉得非常陌生，非常不习惯。所以，最终我给它取名"蚁蛇檀"，其中的"蚁"字表明它是一种适蚁植物，也就是跟蚂蚁共生的植物。

上图中的植物是美洲热带雨林里的另一种高大乔木，它有伸出去的高大板根，这也是热带雨林植物的一个特色。这种植物最奇怪的地方在于，虽然它用了几十年的时间才长得如此高大，但其间从不开花，因为一旦开花，它就死了。这种情况在生态学上被称为"多年生一次结实现象"。这一现象并不罕见，很多竹子也有这样的特性，所以当有竹子开花的时候，我们就会担心大熊猫可能会没有足够的食粮。

热带雨林里的高大乔木居然有这种一次性开花现象，不禁令人啧啧称奇。为什么这样高大的乔木也会演化出这种习性呢？这是生态学上还有待解决的一个问题。这种植物是有拉丁学名的，是 *Tachigali versicolor*。但我们不能给它直接写到书中，这样做对中国读者来说太不友好了。没办法，我们只能给它起个中文名，叫"吞金树"。其实它在国外还有一个俗称，叫"自杀树"，意思是一旦开花，就等于自杀，但是直接把这个名字作为正式的中文名太直白了，所以我们就选用了古文里表示自杀的词——吞金。另外，该词还有一层双关的含义：由于这种植物的花是黄色的，所以当它开出金黄色的花时，就相当于"吞金"自杀了。

当然，这样的例子还有很多。如果今天你再问我为什么要给世界植物起中文名，最佳答案就是这样做便于我们传播科学知识。这些热带植物的中文名就像一把把钥匙，能帮助我们把有趣的、生态的、博物的知识更好地传达给大众。

实际上，热带雨林植物在地球上只占赤道地区的那一小部分。在热带地区，除了热带雨林，还有热带荒漠和热带稀树草原。走出热带，有温带，那里有盛产球根花卉的地中海气候、中国东部独特的亚热带常绿森林，等等。再往稍冷一些的地方，还有温带荒漠、北极苔原，以及与苔原相邻的泰加林……

每一种独特的生态系统里都活跃着众多独特的动物和植物，并发生了许许多多有趣的演化故事。要把这些有趣的故事，特别是发生在我国之外的那些故事，介绍给中国读者，首先要解决的一个问题就是给这些生灵起一个名字，而且最好是比较好听、能流传下去的。这就是我们近年来一直在做的工作。植物的名字是一切科学研究和知识传播的基础。虽然在学界内交流时使用的是植物的学名，但当我们面向公众的时候，则需要用各自的俗名系统进行阐释。

如何取一个好名字？

我们首先要根据最新的研究，建立世界维管植物的分类新系统。因为只有了解植物的最新分类关系，才能知道该给它们取什么样的名字。当新的分类系统构建好之后，就可以从高到低，按照科、属、种的顺序为世界各地的植物选拟中文名了。所谓"选"，就是从已有的名字中选取；"拟"就是在没有合适的中文名称的情况下，为某种植物拟定新名字。目前，我们已经完成了所有科的拟名，属的拟名工作正在进行中，种的拟名也已展开。

那么，我们是怎样建立一个最新的分类系统的呢？下面用一个简单的示意图进行阐释。

建立分类系统的时候，首先摆在面前的是几百年来已经发表的许多植物的学名。在了解这些名字所代表的究竟是何种植物之后，需要进一步看当今的分子生物学家从植物中提取DNA之后，为它们建立了怎样的演化关系。当你找到介绍植物演化关系的论文之后，就能根据系统演化的树状结构对原本散乱的植物名字进行重组，

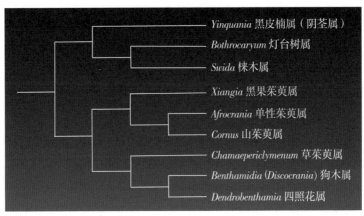

建立分类系统示意

并最终建立一个新的系统。在这一过程中，你可能还要建立新属，并给这些属拟定中文名称。上页图中的白色文字为已有名字，黄色文字则是新拟定的。

当然，在植物已有的名称中，有些可能不太合适，如阴荃属，看上去莫名其妙，让人不知所云。因此，我们就会在已有的名字中选择一个更合适的，比如黑皮楠属，看上去更像是一个植物的名称。对这个系统树所反映的山茱萸科来说，这个就是我们最终确定的分类系统以及每个属的名字。在此基础之上，我们再进一步为属下面的种进行拟名。

给七大洲的植物起名

多年来，我们已经给几万种植物拟定了名称，其中有些成果已经在出版物上发表。下面给大家介绍的是我从2018年的拟名实践中选出来的一些有意思的名字或者植物。

前面已经介绍过，这项工作并不都是新拟的名，也有不少植物已经有了名字。像在木材和化妆品领域，有很多原料都来自国外的芳香植物和油料植物——我国是没有的，尤其是化妆品，它们中有不少都有中文名。我专门对照了化妆品的配料表，发现有很多外来植物都被拟好了名字。例如，对页上图中这种植物，产自非洲。它有一个亲戚，叶子非常香，从中提取出的芳香油是某些化妆品的原料，化妆品界称这种植物为"香柔花"。因此，我们在给"香柔花"的亲戚起名时，就加了一个修饰语，叫它"乌桑巴拉香柔花"，代表该植物产自非洲坦桑尼亚的乌桑巴拉山区。我们工作时首先会看是否有现成的名字，没有再拟定。

对页下图中的植物来自北美洲，没有现成的中文名，它在我翻

乌桑巴拉香柔花（*Aeollanthus holstii*）

脂香木（*Larrea tridentata*）

译的一本名为《世界上最老最老的生命》的书中也出现过。这种植物生长在荒漠地区，不仅香味浓郁，而且单独一棵就可以衍生出一大片，其植株年龄甚至可能超过2000岁，这意味着你在荒漠中看到的一小片不起眼的植物，它们最初出现的时候甚至可以追溯到我国西汉时期。根据它的英文名字，我将其命名为"脂香木"，表明该植物可以分泌出具有独特香味的树脂。

让我们将目光转向西亚的里海沿岸，也就是伊朗北部的厄尔布尔士山，那里生长着多种鸢尾。在我的印象中，鸢尾是一种喜湿，甚至直接生长在水中的植物。但事实上，作为一个多样性非常丰富的大属，鸢尾属里有很多物种喜欢生活在干燥的草原甚至荒漠中，如下图中的线纹帝鸢尾——这个名字是我拟的。由于它的花被

线纹帝鸢尾（*Iris acutiloba subsp. lineolata*）

未来科学 ➕ · 植物篇

片上有很多线条，又属于鸢尾属中非常奇特的帝鸢尾类（这也是园艺界已有的名字），所以我就在此基础之上为其起了这样一个新名字。

下图中的植物来自新西兰，依照分类学，它与我国的青冈类树种非常近缘，所以我们很自然地称其为"某某青冈"。但在这个名称前面，还应该加一个修饰语进行区分。选什么合适呢？由于这种植物产自新西兰，能不能叫它新西兰青冈呢？这样命名并不是不好，只是名字太长了。后来我想到，其实最早到达新西兰的不是西方人，而是毛利人、南岛人和波利尼西亚人，他们并不是用"新西兰"这个词来称呼自己居住的这片土地的，而是叫它"Aoteoroa"（尽管关于这个名字的意思存有争议，但比较常见的说法是指代"长白云之国"，意思是他们居住的国度有长长的白云）。这给了我灵感，如果大家觉得"新西兰青冈"这个名字太长，是不

云青冈（*Fuscospora fusca*）

是可以用"长白云"中的"云"字来给植物命名？最终，我将其命名为"云青冈"。

事实上，这个名字还有双关效果，因为"云青冈"生长在新西兰南北岛的高海拔山地林中，那里受海风影响，终年云雾缭绕，所以"云"字也表明了它的生境。我自己也觉得这个名字还不错，不仅简短，而且提示了植物的生境和文化背景。

2018年，我在邱园（英国最大的植物园）里看到了很多来自世界各地的有趣植物，比如下图中的这种植物，它的花很漂亮，你绝对想不到它居然是一种水仙。我们通常以为水仙花里面含有一个杯子状的结构，即复冠。但这种产自地中海沿岸的水仙很另类，它没有复冠，最后我们将其命名为"无冕水仙"。在中文世界里，"冠"和"冕"意思接近，如果将这种植物称为"无冠水仙"，从植物学的角度来看，是有问题的，因为植物学上的冠通常特指花冠，但这

无冕水仙（*Narcissus cavanillesii*）

象李（*Sclerocarya birrea*）

种水仙是有花冠（花被片）的，所以我们将"冠"换成了"冕"。而"无冕"这个词刚好也是汉语中的现成词语。

离开欧洲，我们前往下一站——非洲。跟我一起进行世界植物拟名工作的中国科学院植物研究所的刘冰老师，在肯尼亚沿岸的一个半岛上发现了上图这种植物，它也出现在了我所翻译的一本名为《醉酒的植物学家》的书里。当地有一个传说，说这种植物的果实在成熟之后掉落在地面上会发酵，而大象吃了发酵后的果实会醉倒。根据这个传说，加上它的果实还有点像李子，最终我为其拟名"象李"。

大家都知道，厄瓜多尔是一个生物多样性非常丰富的国家，而在厄瓜多尔首都基多旁边的山上，就有很多南美洲特有的植物，比如下页图中的蜜斗花，这个名字源于它那外形似勺子的鲜红花朵。乍一看确实像舀水的斗，花中藏着丰富的花蜜。如果大家对这类花有一定的了解，就会知道鲜艳的红色、大量的花蜜、长管形的花冠，都是为了吸引蜂鸟来帮助其传粉的。蜂鸟是南美洲极为独特的鸟类，

蜜斗花（*Sarcopera anomala*）

当地的很多植物都由它们传粉。

　　同样在南美洲，还有一种有趣的植物叫作"彼岸藤"。为什么叫这个名字呢？因为这种植物有一个非常神奇的特性：一年开两次花，春天一次，秋天一次。它学名中的第二个词"*aequinoctialis*"，就是春分和秋分的意思。这说明当时给植物命名的人注意到了它的这个特性。

　　实际上，南极洲也有独特的植物，比如对页下图中的"南极漆姑"，是南极特有的两种被子植物之一（另一种是"南极发草"，这个名字也是我拟定的）。我不知道自己这一生是否有机会去南极看看这两种植物，但至少我能够通过这个名字给大家传递南极也有丰富的植物多样性这一信息。

　　最后我想告诉大家的是，做这项工作本质上并不是给植物起一个名字，然后到处炫耀，而是希望能把植物的名字当作一把钥匙，

彼岸藤（*Cydista aequinoctialis*）

南极漆姑（*Colobanthus quitensis*）

开启大家了解世界生物多样性的大门。特别是在生物多样性已经遭受严重破坏的当下，我们了解得越多，也许越能生发出更多保护环境的想法。让我们一起为保护地球、保护环境而努力！

思考一下：

1. 为什么给植物起中文名字是一项重要的工作？能起到什么作用？

2. 作者在给植物起中文名时有什么样的考虑和原则？

3. 在你知道的植物中，你觉得哪些中文名起得特别好？

演讲时间：2018.11
扫一扫，看演讲视频

图片来源说明

5—6：讲者供图；

7：讲者供图；

8—21：讲者供图；

24—39：讲者供图；

44—45：讲者供图；

46—48左：讲者供图；

49—55：讲者供图；

59—73：讲者供图；

78—79：讲者供图；

80上：刘冰；

80下、81、82上、82左下：讲者供图；

82右下：梁珀硕；

83：周欣欣；

84—85：讲者供图；

86左：刘冰；

86右：讲者供图；

87：陈之端；

88：讲者供图；

89：刘冰；

90—93：讲者供图；

94：范培格；

95：讲者供图；

98—107：讲者供图

112—122：讲者供图；

126—127：讲者供图；

129—138：讲者供图

142—143：讲者供图；

142：讲者供图；

144下—150：讲者供图；

151：马炜梁；

156：杨云珊；

157：讲者供图；

158：李涟漪；

159：左上：讲者供图；下：张挺；

160—162：作者供图；

163：上：李涟漪；

165上：讲者供图；

166：胡枭剑；

167：上：杨娟；下：何俊；

173：讲者供图；

175：讲者供图；

179—180：讲者供图；

188上：Patrice78500, File: Dryobalanops Aromatica canopy. jpg-Wikimedia Commons；

188下：Vojtěch Zavadil, File: 09758-Cordia nodosaCaura. jpg-Wikimedia Commons；

189：讲者供图；

191：讲者供图；

192：Dadero，公有领域。File: Aeollanthus rehmannii-Copenhagen Botanical Garden-DSC07404.
JPG-Wikimedia Commons；

193：/Eric in SF, File: Larrea tridentata Furnace Creek. jpg-Wikimedia Commons；

194：/C T Johansson, File: Iris helena-IMG 2208. jpg-Wikimedia Commons；

195：/Krzysztof Golik, File: Nothofagus fusca 01. jpg-Wikimedia Commons；

196：讲者供图；

198：刘冰；

199上：Evelyn Avila's photos, File:Cydista aequinoctialis 1. jpg-Wikimedia Commons；

199下：Parnikoza, File: Colobanthusquitensis-parnikoza-2014. jpg-Wikimedia Commons。

其他图片来源：pixbay图库、站酷海洛图库、公共版权图片、视觉中国图库等。